SOPA DE LLIBRES

El paper utilitzat en aquesta edició compleix els requisits mediambientals FSC, que garanteixen un circuit sostenible en tota la cadena de producció.

Rosa Sensat, 9-11, 4a planta. 08005 Barcelona
Telèfon 932 172 054. Fax 932 373 469
barcanova@barcanova.cat
www.barcanovainfantilijuvenil.cat

Vuitena edició: juny de 2011
Quarta impressió: febrer de 2017

Disseny: Manuel Estrada

ISBN: 978-84-489-1201-7
DL B. 20136-2011

Printed in Spain

L'Albert i els coloms missatgers

SOPA DE LLIBRES

Anna Vila

L'Albert i els coloms missatgers

Il·lustracions de Jordi Vila Delclòs

BARCANOVA EDITORIAL

Al record de l'avi Eusebi, que durant
molts anys va fer volar coloms.
El meu agraïment més sincer a totes
les persones que m'han ajudat en la recerca
d'informació i m'han obert els seus colomars.
Especialment a Alfred O. Baya pels seus
consells i el seu entusiasme.

Un mòbil, si us plau

Els seus pares prou que li havien dit:

–Treu-t'ho del cap, Albert, això no t'ho regalarem. Faràs deu anys! Encara ets massa petit.

Però l'Albert tenia l'esperança que algú de la família cediria als seus desitjos.

Aquell any havia estudiat de valent. Molts dies no havia baixat a jugar amb els seus amics amb l'única finalitat de millorar les seves notes. Perquè l'Albert encara confiava que davant unes qualificacions excel·lents s'estovarien els cors i la butxaca dels seus pares.

Era tan estrany demanar un mòbil a la seva edat?

Molts dels seus amics en tenien: s'enviaven missatges, es comunicaven amb paraules clau, i quan la mare el volgués cridar per dinar, ja no seria necessari que sortís a la finestra i comencés a cridar als quatre vents:

–Albeeeert! A dinaaaar!

L'Albert sempre arribava a taula quan la sopa ja era freda i pel damunt surava un tel que la seva mare li feia empassar mentre rondinava:

–Estic tipa de cridar-te. A veure si estàs més al cas. Jugant, jugant, un dia se't farà fosc.

–Veus, mare. Si tingués un mòbil això no passaria. Em faries tres trucades i jo ja sabria que ets tu. Fins i tot tindria temps de parar taula.

–Ja saps com pensem, nosaltres. El telèfon només s'ha de fer servir per a una necessitat.

–Aquest any he millorat les notes... A més, dóna seguretat.

L'Albert esgotava tots els arguments, però els seus pares eren molt estrictes en aquestes coses. Quan deien que no a una cosa, no hi havia res que els fes canviar de parer. Aguantaven el tipus encara que els costés. Però... estava a punt de fer deu anys, i no ho podia donar encara tot per perdut. Qui sap si l'avi, que a cada festa d'aniversari se li presentava amb alguna sorpresa, aquest any li concediria el seu desig.

De totes maneres li havia de donar pistes i, sobretot, procurar que els pares no sabessin res de les seves converses.

Així que, un dia de mitjans de juny que l'avi els va fer una visita, l'Albert se les va arreglar per anar a passejar amb ell sense la companyia del pare ni la dels germans, que en algun moment o altre se'n podien anar de la llengua.

–Ja t'has curat el refredat, avi?

L'Albert sabia que, a la gent gran, si els vols tenir contents, els has de preguntar alguna cosa que els preocupi, i feia pocs dies que l'avi havia tingut un refredat molt fort.

–Sí, estic millor, gràcies –però l'avi, que coneixia les astúcies de l'Albert, va afegir–: Que tens algun problema? Que no han anat bé les notes?

–Tot molt bé, avi –i com aquell qui no diu res va afegir–: Tu tens mòbil, avi?

–Jo, mòbil? Però, per qui m'has pres?

–Home, t'aniria bé. Quan vas a passejar, si algun dia caus, podries avisar l'àvia, o l'ambulància.

–Jo no caic mai!

–Només per si de cas...

L'Albert ja veia que aquest no era un tema gaire interessant per a l'avi, però va fer un últim intent, i aquesta vegada més directe.

–Saps, avi? Tots els meus amics de l'escola tenen mòbil...

–Tots, tots? No m'ho crec.

–Bé, tots, tots, no. Però uns quants sí. A mi m'agradaria... Llàstima que els pares no ho volen, diuen que encara sóc massa jove per a aquestes coses. I això que em podria fer molt servei. Per exemple: si un dia em perdo, truco al pare i ell em ve a buscar.

–A veure, Albert. On et vols perdre, si en aquest poble només hi ha gent a l'estiu, i tu des dels cinc anys que vas sol pertot arreu?

–Bé, però un mòbil té moltes utilitats: també s'hi pot jugar, enviar missatges, saber l'hora... I no em sentiria tan diferent dels altres.

–I per una cosa així t'has de sentir diferent? Només faltaria que ara, al món, es marquessin les diferències pels que tenen mòbil i els que no.

–Home, avi, tampoc no és això... –l'Albert va voler jugar l'última carta, tot i que sabia que allò que anava a dir era un cop baix per al seu avi. Així que, a mitja veu, va afegir–: El pare quan era petit també es va sentir diferent per una cosa semblant.

–El teu pare? Si no hi havia telèfons de butxaca aleshores! Però què t'empatolles?

–Ell m'ho ha explicat. És veritat. S'havia sentit molt diferent dels altres.

–Aboca-ho d'una vegada!

–Tu no volies televisió a casa.

–Només hauria faltat això, amb el que els costava estudiar a tots plegats.

–Però ell se sentia molt acomplexat. Tots els seus amics comentaven els programes i les pel·lícules, i ell sempre es quedava en un racó, perquè no hi podia ficar cullerada. Així és com em sento jo, avi. Tots els nens i les nenes... Bé, tots no, però bastants, porten els seus mòbils. S'envien missatges, es diuen coses entre ells, i jo sempre em quedo sense saber de què parlen. Ho veus com em sento una mica com el pare quan era petit?

Si aquell comentari no estovava el cor de l'avi, ja podia plegar veles.

–No sabia que el teu pare s'ho havia passat tan malament per una cosa que els altres tenien i ell no.

–Tampoc no t'hi amoïnis, avi –va afegir l'Albert fingint treure importància a tot plegat–. Si el pare va superar aquell trauma quan era petit, també el podré superar jo, no et sembla?

Però a l'avi, aquell descobriment de la infància del seu fill el va fer rumiar un moment, i com aquell qui ja ha trobat la solució, va dir:

–Dius que s'envien missatges?

–Sí!

–I també serveix per jugar?

–Sí!

L'Albert ja quasi tenia l'avi a la butxaca. I com si fos un bon venedor que defensa el seu article per davant de tot, va continuar:

–I si m'entretinc més estona a la biblioteca, puc avisar la mare per dir-li que arribaré més tard.

–Li envies un missatge?

–Exacte! O li faig una trucada amb una contrasenya que ja ens hem dit abans.

–És fantàstic, Albert! Això em porta moltes coses a la memòria. Fantàstic! Fantàstic de veritat!

–Avi, ets meravellós! –li va dir l'Albert mentre se li arrapava al coll i li feia un petó.

–Ja hi faré alguna cosa, però deixa-m'ho rumiar. Tot ha de tenir una solució. La trobarem, Albert, en pots estar segur.

Mentre creuaven la porta de casa, l'Albert encara va afegir:

–El meu aniversari és aquest primer dijous de juliol, però ho celebrarem diumenge; vindràs, oi?

L'Albert només esperava que l'avi no comentés res d'aquella conversa, no fos cas que els pares li traguessin la idea del cap. D'altra banda, coneixia prou bé el seu avi per saber que el primer diumenge de juliol li portaria una sorpresa, i confiava que fos la que ell esperava. El mòbil.

La festa d'aniversari

A l'Albert sempre li havia agradat la festa del seu aniversari.

Aquell any havien decidit ajornar-la fins diumenge. D'aquesta manera s'hi afegirien els amics de cada estiu, que ja havia començat a arribar a començament de setmana.

L'Albert vivia en un poble de platja. Era un poble petit, on encara no havia arribat el bullit de les urbanitzacions. I de moment, tot i que semblés contradictori, no hi deixaven edificar cases de més de dues plantes.

Quan era molt petit, tant que ell quasi no ho recordava, només hi venien a passar els estius, però feia uns sis anys, el seu pare havia decidit instal·lar-s'hi amb tota la família com a lloc de residència únic. I la veritat és que, tot i els plors del començament pel fet que havien de deixar els amics, ara tots li estaven agraïts. A l'Albert i als seus dos germans, el Pere i l'Aina, els agradava molt viure tot l'any a la vora del mar. Podien sortir a jugar al carrer sempre que volien, anaven a pescar amb el seu pare a les roques de l'espigó i algun dissabte al matí, el Cinto pescador els deixava anar amb la barca mar endins. També podien fer castells i figures d'arena durant tot l'any.

Aquell aniversari havien preparat el jardí amb tota mena de garlandes. Els seus pares havien fet pastissos de tota mena: de xocolata, de poma, de melmelada, de llimona, de formatge... Hi havia begudes refrescants per tots els racons.

L'Albert estava neguitós. No ho podia evitar, complia deu anys i això ja començava a ser una mica seriós.

–Una dècada, Albert! –li deia el seu pare mentre li feia un petó.

–I el vostre regal?

–Com cada any, Albert. El nostre te'l donarem al final de tot, o ja no ho recordes?

Començaven a arribar tots els seus amics i l'Albert va anar a rebre'ls com a bon amfitrió.

El Pere voltava d'un lloc a l'altre pessigant ara un tros de pastís de xocolata, ara un de poma, no fos cas que la colla de golafres dels amics de l'Albert s'avancessin i el deixessin a ell sense res.

L'Aina anava darrere l'Albert, enganxada com una paparra. Li agradava veure les capses i capsetes que portaven els nens, i s'oferia a desembolicar. Era tafanera de mena i sempre havia de posar el nas a tot arreu.

L'Albert ja sabia que, més o menys, els regals serien com cada any: capses de colors, llibres, algun joc nou que havia sortit, una gorra... Però, com que havia fet córrer la veu que segurament l'avi li regalaria el mòbil, tenia l'esperança que algú es recordés dels complements.

I va ser precisament el Roger, a qui, de fet, no sabia ben bé per quin motiu havia convidat, qui li va portar una funda a prova de cops.

Mentre l'Albert ho desembolicava davant la mirada encuriosida de l'Aina, el Roger, amb cara de suficiència i ensenyant el mòbil que duia enganxat al cinturó, li va dir:

–Aquesta funda està feta expressa per a tu. Ho aguantarà tot. Les teves corredisses, les caigudes de la bicicleta... i, si la tanques bé, fins i tot pot ser submergible.

De fet, encara que amb el Roger no fossin ben bé allò que se'n diu amics, era el primer que l'obsequiava amb un objecte que serviria per al regal tan esperat. Així que, amb molta amabilitat, li va respondre:

–Gràcies, Roger, és tot un detall per part teva.

Es va sentir un «pip». El Roger va desenfundar el seu mòbil i mentre teclejava, va exclamar:

–És la Berta! Es retardarà una mica. Hi ha un embús a la carretera.

L'Aina, quan va veure que no hi havia més regals per desembolicar, va anar dins la casa a buscar el que ella havia fet per a l'Albert.

–Té, Albert, segur que t'agradarà. L'avi m'ha dit que això t'aniria bé.

L'avi s'havia posat d'acord amb l'Aina per a un regal? Què en sabia ella de la conversa que havien tingut pocs dies abans? Allò volia dir que tindria el mòbil que tant esperava. Neguitós, va desembolicar el regal i, amb cara de sorpresa, va exclamar:

–És un drap blanc! Aina, vols dir que no t'has equivocat? Que ho veus? És un drap blanc! Segurament t'ha caigut el meu regal per algun lloc.

L'Aina era la petita dels tres germans. Tenia cinc anys, a punt de complir-ne sis, però el fet que fos la més petita no volia dir que no sabés el que feia. Molt seriosa, amb cara d'enfadada, va replicar:

–No! No m'ha caigut res. El teu regal és aquest. Un drap blanc que porta les teves lletres, ho veus? Hi ha escrit el teu nom, amb una tinta que no s'esborra.

–Aina, bonica. No t'enfadis! M'agrada molt que porti el meu nom, però no acabo de veure per a què el puc fer servir jo, aquest drap blanc, encara que porti les meves lletres.

–Jo tampoc no ho sé, però l'avi em va dir que et serviria per al seu regal.

L'Albert no entenia res. Si el que pensava era que l'avi li regalaria el mòbil, de què servia un drap blanc, encara que portés el seu nom? Allò no li semblava res més que un tovalló o un eixugamà. Qui sap si l'Aina ho havia entès malament, però li semblava estrany, perquè l'Aina era molt llesta i no perdia mai paraula de tot el que es deia. O sigui que no li quedava més remei que esperar.

El Pere, en veure que el seu germà estava tan capficat, va atansar-se amb el seu regal. Anava ben embolicat, però es veia d'una hora lluny que era una canya de pescar.

L'Albert, amb la confiança que li donava el fet que el regal vingués del seu germà, li va dir:

–Gràcies, Pere, però ja el desembolicaré més endavant. És una canya de pescar, oi? Gràcies, l'altra ja començava a ser vella.

Però el Pere, molt ofès, li va dir:

–I com ho saps, que és una canya de pescar?

–Home, no pot ser altra cosa. És un pal llarg.

–Les canyes es pleguen. O no?

–Però tu sempre estàs de broma i l'has desplegada tota. Si ja et conec...

–No n'estiguis tan segur. També tinc una recomanació de l'avi, jo.

A l'Albert, quan va sentir això, ja li va començar a picar la curiositat i es va posar a desembolicar aquell pal tan llarg mentre exclamava decebut:

–Però si és un bastó! No és una canya!

El Pere va agafar el bastó i a un extrem hi va lligar el mocador que moments abans li havia regalat l'Aina. I mentre el feia vinclar d'un cantó a l'altre anava dient:

–Mira, Albert, com oneja la teva bandera!

–No és la meva bandera! –va replicar l'Albert enfadat–. No estic per bromes,

Pere! Gràcies, però avui no estic per bromes.

L'Albert va deixar el pal amb el mocador en un racó i, davant el somriure irònic dels dos germans, va anar a reunir-se amb els seus amics. Ja no faltava ningú. Fins i tot la Berta havia arribat després de passar-se una hora dins l'embús de la carretera.

L'Albert no estava disposat a permetre que els seus germans li amarguessin la festa i va pensar que era millor oblidar-se de les seves bromes i no capficar-s'hi massa. Així que va començar a jugar amb els seus amics, indiferent al xiuxiueig que el Pere i l'Aina compartien entre rialles davant la taula on l'Albert havia deixat els regals.

Els pares anaven traient safates de pastissos i tota mena de begudes. També hi havia alguna safata de pa amb tomàquet amb pernils i formatges per a aquells que no volien o no podien menjar res dolç.

La festa anava d'allò més bé, però tot es va aturar quan per la porta del jardí van aparèixer els avis de l'Albert. Algú havia fet córrer la veu que era l'avi qui li regalava el mòbil. I ningú no es volia perdre la reacció dels seus pares, que feia tant de temps que s'hi oposaven.

–Ho sento, Albert, se'ns ha escapat el tren i hem hagut d'esperar el següent. Volíem telefonar, però hem pensat que estaries molt entretingut amb els teus amics i no notaries el nostre retard.

–Podies estrenar el meu regal.

–El teu regal?

–Sí! El mòbil.

–El mòbil? Ara hi caic! Quasi me n'oblidava. Carme, dóna el regal a l'Albert, que està impacient.

Els pares de l'Albert, el Pere, l'Aina i els avis es van mirar amb aires de complicitat. L'àvia Carme va treure un paquet de dins la bossa molt ben embolicat, amb unes lletres grosses que deien: MOLT FRÀGIL. Al voltant seu, s'hi va fer una rotllana de cares encuriosides.

L'Albert estava neguitós, mirava els seus pares i l'avi una vegada i una altra. S'havien posat d'acord? Allò no podia ser. Nerviós, va desembolicar el regal.

–Un termos! Avi, on és el mòbil?

–Tu, busca –va dir l'avi mentre feia l'ullet al seu fill.

L'Albert havia vist termos com aquell algun cop. No era el típic de portar el cafè amb llet. Era una mica més gran. El seu pare en tenia un de semblant, que feia servir quan, per la feina, havia de dinar fora de casa.

–Que l'obri! Que l'obri! –cridaven tots els nens mentre picaven de mans i peus.

L'Albert coneixia les sorpreses del seu avi, i tenia el pressentiment que aquella no seria tan agradable com les d'altres anys. Però davant la insistència de tanta colla de badocs, va optar per començar a destapar aquella mena de termos carmanyola.

–Cotó fluix?

–Busca més, Albert, busca més –va insistir l'avi amb aire satisfet.

L'Albert va posar la mà dins el cotó fluix i en va treure dos ous que va enlairar davant la mirada atònita de tothom.

–Dos ous! –va exclamar decebut.

–Dos ous? De qui deuen ser? –va afegir el Roger amb un cert aire sorneguer.

L'avi va copsar el desengany del seu nét. I per treure ferro a tota aquella situació, va intentar contagiar a aquella colla de badocs l'entusiasme que anys enrere ell mateix havia experimentat per un regal de dos ous com aquells.

–Algú té un mòbil per aquí?

Moltes mans es van enlairar amb l'objecte a la mà.

–Bé, només en necessito un.

Què volia demostrar l'avi davant un invent tan nou com aquell? Què hi podien fer dos ous al costat d'un aparell capaç de travessar qualsevol obstacle i fer arribar la veu a l'altra banda del món?

Molt segur d'ell mateix, va aixecar el mòbil perquè el veiessin tots i va preguntar:

–Què pot fer això?

–Et pots comunicar amb gent de molt lluny –va dir una veueta petita al seu costat.

–Aquests dos ous també ho faran. D'aquí a un temps, és clar –i va continuar–: I si no tens cobertura o s'acaba la bateria, què fas?

–Has d'esperar –va dir el Roger molt decidit.

Llavors, l'avi de l'Albert se li va acostar molt a prop i va explicar:

–Aquests dos ous no són de gallina, com els de les truites que us fan els vostres pares a casa. Com podeu veure són més petits. Són ous de coloms missatgers.

–Ja no n'hi ha, de coloms missatgers –va dir la Berta mentre guardava el seu mòbil a la motxilla.

–Sí que n'hi ha. I aquests dos ous són dels millors coloms del món. Me'ls van donar ahir uns amics belgues que vénen cada any a fer una aviada.

–Què és una aviada? –va preguntar l'Aina.

–Una aviada és quan es deixen anar molts coloms de cop.

–I... on van? –va preguntar el Pere.

–Quan es fa una aviada, es deixen anar coloms de propietaris diferents. Els coloms sempre tornen al seu colomar. Els amics que m'han donat aquest dos ous són belgues. Aquesta vegada els coloms tornaran a Bèlgica.

L'Albert no sabia què dir. Acabava de tenir el disgust més gran de la seva vida. I per acabar-ho d'adobar, se sentia ridícul davant de tots els seus amics.

Com era possible que, el dia del seu aniversari, l'avi se li presentés amb dos ous de colom? Però d'altra banda, com és que no ho havia intuït abans?

L'avi havia estat un fervent columbòfil fins feia ben poc. I plors li va costar deixar el seu colomar quan li van expropiar la casa per fer una gran avinguda, just on vivien. Sí que és veritat que li van donar un pis molt gran i espaiós al mateix barri, però el seu colomar se'n va anar en orris, i amb ell, moltes il·lusions de tants anys.

Com era que no havia lligat caps? El mocador de l'Aina..., el bastó del Pere... i el regal dels pares? On era el regal dels pares que encara no havia aparegut per enlloc?

L'avi, encara amb els dos ous a la mà, va continuar:

–Si aquests ous arriben a bon fi, que jo estic segur que amb la constància de l'Albert hi arribaran, els coloms que en sortiran passaran la mà per la cara a tots aquests mòbils que porteu enganxats al cinturó. El colom també pot servir per enviar missatges, per jugar, i pot guanyar trofeus. Cosa que els vostres mòbils no poden fer.

L'Aina es va acostar a l'Albert i li va dir:

–Va, no estiguis trist, ja veuràs com és un bon regal. D'aquí a uns dies ja ho veuràs més clar. I jo t'ajudaré. Netejaré la gàbia.

–La gàbia?

Els pares de l'Albert s'hi van acostar i li van dir:

–És al terrat. És el nostre regal.

S'havien posat tots d'acord! I ell mateix els havia donat les pistes! Un mòbil.

Però ja estava fet. No podia tirar enrere. A més, tots els seus amics s'havien quedat bocabadats davant les explicacions de l'avi i estaven entusiasmats amb aquell regal tan misteriós.

–Albert, em donaràs colomins quan et comencin a criar? –va dir el seu amic Joan.

–Jo vindré a donar-los menjar quan siguis fora –va dir la Clara, que era la nena que seia a la mateixa taula de l'Albert a l'escola.

Tothom estava encantat amb els dos ous, menys l'Albert, a qui li havien anat per terra totes les esperances de tenir un mòbil com la majoria dels seus amics.

Van pujar tots al terrat i efectivament hi havia un colomar. Petit, però un bon colomar.

La Berta va agafar el seu mòbil i mentre se'l posava a l'orella va xiuxiuejar:

–Mare, ja em pots venir a buscar, que això s'està acabant.

Un ding-dong del mòbil del Roger va sonar en aquell moment...

–Sí? Sí, ja estem. D'acord, d'aquí a deu minuts a la plaça.

L'Albert, amb la mosca al nas de veure com aquell parell li passaven pels nassos els seus mòbils, va agafar els dos ous i posant-se'n un a l'orella i l'altre davant la boca, va començar una conversa que els va deixar a tots glaçats:

–Sí? Com diu?

–...

–D'aquí a quant?

–...

–Fins aleshores no tindré connexió?

–...

–No ho podrien accelerar?

–...

–Que és la naturalesa? Què? Que no s'hi pot anar en contra?

–...

–Però m'assegura que arribaran lluny?

–...

–D'acord! Sí. Sí. Esperaré.

L'Albert va donar els dos ous al seu avi perquè els tornés a posar dins el termos carmanyola i va començar a baixar cap al jardí.

Tant els seus pares com els seus amics se'l miraven bocabadats.

L'àvia va gosar remugar entre dents:

–Pobra criatura! Amb la il·lusió que li feia el mòbil! S'ha trasbalsat –i dirigint-se als pares de l'Albert i a l'avi va continuar–: Ho heu fet massa fort. Aquesta vegada heu anat massa lluny. És un disgust massa gran per a la seva edat.

UN JULIOL UNA MICA MOGUT O L'ENRENOU DE L'OU

Si l'Albert tenia alguna cosa positiva era que afrontava les contrarietats amb ànims, i no trigava gaire a donar-hi la volta.

De fet, aquesta era la segona vegada que l'Albert patia un contratemps de debò. Perquè de petits, no cal dir que tots els nens i les nenes n'han passat més d'una vegada, de disgustos o contratemps: quedar-se sense veure el programa de televisió preferit per haver estirat els cabells de la germana petita..., no poder baixar a jugar amb els amics per una davallada de les notes de socials i coses d'aquestes que, qui més qui menys, en podria fer una llista ben llarga.

El primer contratemps seriós de l'Albert havia estat venir a viure a aquest poble de platja. Ja no veuria més els seus amics del parvulari, i tampoc la seva veïna Amanda, amb qui es pot dir que havien començat a gatejar plegats.

Però, a aquest primer contratemps, l'Albert hi va posar remei aviat, perquè va fer amics nous i a la vegada va conservar els que ja tenia. Un cop l'any, l'Albert anava a passar una setmana a casa l'Amanda. Allà tornava a trobar tots els seus amics del parvulari i passaven uns dies molt agradables.

Així que, l'endemà mateix del dia del seu aniversari, mentre esmorzava al costat del seu avi, li va dir amb aire resolt:

–Avi, com els incubarem aquests dos ous?

–Ja veig que vas per feina, Albert. Així m'agrada.

–I si els poséssim al microones? –va dir l'Aina, que no es volia perdre ni un detall dels esdeveniments.

–No, Aina, el microones en faria ous durs. Nosaltres, el que pretenem és que surtin els colomins sans i estalvis.

Però l'Aina va insistir:

–La mare sempre diu que ha guanyat temps amb aquesta màquina. El que abans feia en una hora, ara ho fa en deu minuts. Quants dies tarden a néixer els colomins, avi?

–Disset o divuit.

–Fixa't, Albert! Amb tres dies en tindríem prou.

–Aina, deixa-ho estar! Tanca la boca si vols continuar amb nosaltres –va dir l'Albert, que ja començava a impacientar-se–. L'avi ens trobarà una solució.

L'avi va agafar els dos ous, primer l'un i després l'altre. Amb una mà, agafava l'ou i el posava a contrallum d'un raig de sol que entrava per l'escletxa de la finestra de la cuina. L'altra mà, la posava per damunt de l'ou fent-li de visera. Així va estar força estona. Després de fer aquesta operació unes quantes vegades amb cada ou, va dir:

–Jo diria que... aquests ous... a tot estirar, deuen tenir 4 o 5 dies.

–I com ho pots saber? –va dir el Pere, que acabava d'entrar a la cuina amb un tros de pastís de xocolata que havia sobrat del dia abans.

–Els coloms que han post aquests ous van marxar de Bèlgica el dimarts passat. O sigui que han estat postos a partir del dimarts. També, el més segur és que siguin de coloms diferents, i per tant és impossible saber exactament quants dies tenen. Per orientar-nos una mica, comptarem com si la posta hagués estat feta el dimecres. Què us sembla?

Els tres germans no entenien gaire les cavil·lacions del seu avi, però tots tres alhora van dir:

–D'acord! El dimecres.

–I... ara què? –va dir el Pere–. No voldràs pas que ens hi asseiem a sobre i fem torns per incubar-los, oi avi?

–No siguis babau, Pere! Ja tinc rumiat el que farem. Si l'Albert hi està d'acord, és clar. Perquè, en definitiva, els ous ara són de l'Albert, i és ell qui té l'última paraula.

A l'Albert ja li començava a interessar tot aquell tema dels ous. A més, la imatge de veure el seu germà i la seva germana asseguts escalfant els dos ous li feia pensar que estarien entretinguts durant uns quants dies i no li anirien tant al darrere.

Abstret en aquest pensament, el va tornar a la realitat la veu del seu avi.

–Què hi dius, Albert?

–Ah! Com tu vulguis avi. Ho deixo a les teves mans. Fes la teva proposta.

L'avi va tornar a deixar els ous dins el termos carmanyola i es va començar a explicar:

–Hi he estat rumiant tota la nit. Si jo tingués encara el colomar, tot seria més fàcil.

–Però ja no el tens –va dir el Pere.

–Per assegurar com a mínim un colomí, farem servir dos tipus d'incubació: un ou el portaré a casa d'un amic que té un colomar. Ell el donarà a incubar a algun colom seu que hagi perdut un ou.

–Però... avi, i si aquest amic després te'l canvia per un altre?

–No patiu, és de confiança. Però, perquè us quedeu tranquils, el marcarem.

–Me'l deixes marcar a mi? –va dir l'Aina.

–Amb molt de compte.

–Hi posaré una *A* d'Albert, amb lletra de pal.

–I l'altre? –va dir l'Albert, que encara no ho acabava de veure clar.

–L'altre l'incubarem nosaltres. L'hem de mantenir a una temperatura d'entre 37 i 40 graus.

–Però com ho farem? –va dir l'Aina, que no volia imaginar-se de cap manera passar bona part de l'estiu asseguda damunt d'un ou.

–He demanat una incubadora d'ous de gallina a un amic. Mentre l'esperem l'incubarem amb l'estoreta elèctrica de l'àvia. Farem una caixa de fusta, la folrarem per dins amb una manta i hi posarem l'estoreta. Podem graduar l'escalfor amb el comandament, i d'aquesta manera no tindrem cap problema. Què us sembla?

–D'acord! –van dir tots tres alhora.

Així ho van fer. L'ou que anava a casa de l'amic de l'avi el van marcar amb una *A* majúscula d'*Albert*, i la caixa de l'ou que farien servir mentre no tinguessin la incubadora la van posar a la cuina, ja que era la part més calenta de la casa, i la més transitada. D'aquesta manera podrien anar controlant tota la seva evolució.

Però els havia quedat una cosa pendent. S'havien posat d'acord que els ous havien estat postos el dimecres, però... quants dies s'havien d'incubar? L'avi els ho va aclarir abans de marxar.

–Ah! me n'oblidava. Heu de comptar 17 o 18 dies a partir del dimecres passat, entesos? I sobretot no el toqueu massa. Només el pot tocar l'Albert, d'acord? –i acostant-se-li, va afegir–: has vist com s'agafa?

–Sí! Sí!

–Sobretot, posa una mà al damunt fent-li de visera. És així com podràs anar comprovant els canvis.

Els avis van marxar i ja no tornarien fins a la setmana vinent. O sigui que l'ou ja tindria uns onze dies. Sempre seguint els càlculs improvisats, que podien no ajustar-se ben bé a la realitat.

Aquella setmana va passar molt de pressa. Al matí anaven a la platja i a la tarda sempre es trobaven amb la colla per jugar algun partit de futbol, fer una competició d'estels o entretenir-se amb algun joc de taula, si el cel amenaçava tempesta.

L'Albert, cada vegada que entrava a la cuina, anava a veure la caixa. Hi posava un termòmetre que li havia deixat el seu pare i comprovava que la temperatura fos la correcta. Amb una llibreta de notes que havia lligat a una punta de la manta, hi anotava l'hora i la temperatura de dins la caixa. Segons el temps que feia a fora, havia de pujar o baixar el termòstat de l'estoreta.

Però... una tarda, mentre estaven jugant amb els jocs de taula perquè havia començat una tempesta, se'n va anar la llum.

De fet a l'Albert no li havia importat mai que es quedessin a les fosques, ja que sempre ho aprofitaven per jugar a fet i amagar. Mentre estava amagat dins l'armari de les sabates va sentir un crit de l'Aina que deia:

–Albert! L'ou!

–Què passa amb l'ou? –va dir l'Albert mentre sortia de l'armari de les sabates cui-

ta-corrents, amb totes les sabates que queien darrere seu, fent un gran terrabastall.

–S'ha apagat la llumeta vermella de l'estoreta elèctrica! –va cridar l'Aina, que estava amagada a la cuina.

–Un, dos, tres, Albert! A l'armari de les sabates! –cantava el Roger amb satisfacció.

–S'ha acabat el joc, Roger! No podem jugar més. Tenim un problema.

–Quin problema? –va protestar el Roger, que començava a estar tip de parar.

–Hem de fer alguna cosa –va dir el Pere, que sortia una mica xop de dins la banyera.

–Telefonarem als de la llum –va dir l'Albert decidit.

El Roger es va treure el mòbil del cinturó i es va oferir:

–El tinc a la memòria. Només has de prémer el 7.

A l'Albert prou que li sabia greu haver d'acceptar l'ajuda del Roger, però allò era més ràpid que buscar el número a la guia. Així que, sense pensar-ho, va agafar el mòbil del Roger i va pitjar el 7.

–Si us plau, em podria dir per quanta estona n'hi ha, de l'avaria?

–...

–Què diu? Que no ho saben?

–...

–Necessitem una orientació. Més o menys.

–...

–Què diu? Que potser fins demà? Impossible!

–...

–Què vol dir que la restabliran per zones?

–...

–Sí! Sí! Ja l'entenc. Estem tocant a la platja, a les Botigues de Mar.

–...

–Ho he entès be?

–...

–L'últim lloc? No podrien començar a restablir-ho al revés?

–...

–Ja ho sé que podem fer una reclamació de despeses. La nevera. Sí, i el congelador. Sí, sí. Però... és que és un cas de vida o mort.

–...

–Com? No, no! Com si diguéssim, una incubadora...

Al voltant de l'Albert es van anar afegint tota la colla d'amics que acabaven de sortir dels seus amagatalls. No entenien res, però paraven unes orelles més grans que les d'un elefant. L'Albert continuava insistint.

–A l'hospital? Allà tenen grups d'emergència? D'acord. Gràcies.

L'Albert va anar corrents cap a la cuina, va embolicar l'ou amb papers de diari per tal de conservar l'escalfor i va dir:

–Anem!

–On? –va dir l'Aina.

–No, Aina, tu no pots venir. Et quedes aquí per avisar els pares quan arribin. M'acompanyaran el Pere i dos més.

Ningú no sabia on anava l'Albert amb el seu ou, però tots s'hi volien apuntar. Allò era millor que jugar a fet i amagar.

–Feu-ho a sorts. És millor anar-hi pocs.

S'ho van fer a la carta més alta. Al final hi van anar la Berta i el Joan.

Mentre agafaven les bicicletes, el Pere va preguntar:

–Es pot saber on anem?

–A l'hospital –va dir l'Albert amb aire resolut.

–Que t'has fet mal? –va preguntar la Berta, que tot i que havia tret la carta més alta, encara no s'havia assabentat de la fallada de la llum i de l'enrenou que s'estava preparant.

–No! Hi portem l'ou.

–Què hi faran amb l'ou, a l'hospital? –va preguntar el Pere, que encara no acabava d'endevinar les intencions del seu germà.

–Què vols que hi facin. El posaran dins una incubadora.

–Només hi posen els nens, dins la incubadora. Jo hi vaig estar tres setmanes quan era petita. De cap manera t'hi posaran l'ou –va dir la Berta.

–És una emergència i ens han d'ajudar.

L'hospital quedava a uns deu quilòmetres de casa de l'Albert, però si agafaven les dreceres i anaven de pressa, en vint minuts hi podien arribar.

Per sort, la pluja havia parat i només se sentia algun tro llunyà de tant en tant, amb el corresponent llampec que queia damunt el mar. Van agafar les bicicletes, van posar l'ou, embolicat amb paper de diari i cotó fluix, dins el mateix termos carmanyola on l'havia portat l'avi de l'Albert el dia de la festa del seu aniversari i, com qui fa una gran expedició, van cridar tots quatre alhora:

–A l'hospital!

El Joan, que era el millor amic de l'Albert des del mateix dia que van arribar al poble, anava darrere d'ell com si fos la seva ombra. Si allò era una qüestió de vida o mort per a l'Albert, també ho era per a ell. Així

que, quan ja eren prop de l'hospital i mentre esperaven pacients que passessin els cotxes en una cruïlla una mica perillosa, va dir a l'Albert:

–Crec que hi puc fer alguna cosa.

–Què?

–La meva mare treballa al servei de nounats i a aquestes hores encara estarà donant les últimes medicacions als nens de les incubadores. Segurament ens donarà un cop de mà.

A l'Albert se li va eixamplar el cor. Perquè, malgrat que li dolgués, la Berta tenia raó. Només hi posen els nens, dins una incubadora.

La Berta, que havia sentit els comentaris del Joan, es va treure el mòbil de la motxilla i va dir:

–Si la vols avisar que hi anem... Així no l'agafarà tant de sorpresa.

Una vegada més, la Berta els passava el mòbil pels nassos. Però si era qüestió de salvar el seu ou de colom, bé valia la pena empassar-se l'orgull i cedir.

El Joan, davant la mirada de prepotència però alhora inquisitiva de la Berta, que anava assenyalant el rellotge, va explicar breument a la seva mare els problemes que havien tingut.

La Berta, mentre agafava el mòbil per guardar-lo a la motxilla, va dir:

–Joan, podies haver parlat en clau. Em deus haver gastat la targeta del mes.

El Joan, que coneixia la Berta des que venien a estiuejar quan encara no caminava, no li va fer gens de cas, però li va dir:

–D'acord, Berta, te'n dec una –i va continuar–: Tot en ordre, la meva mare ens ajudarà.

Quan van arribar a l'hospital, la mare del Joan ja els esperava a la planta dels nadons.

–Teniu sort –els va dir–. Aquest mateix matí han quedat buides quatre incubadores, i el més probable és que no s'omplin pas aquesta mateixa nit. Fins quan ho necessiteu?

–De fet, fins que torni la llum, i m'han dit que fins aquesta mitjanit no poden arreglar l'avaria, i les cases de vora el mar seran les últimes on connectaran el corrent.

–Bé, jo surto de guàrdia demà a les vuit del matí. Si vols, et puc portar l'ou a casa. Et sembla bé?

Com no li havia de semblar bé? La mare del Joan li acabava de salvar el colom.

El Pere, que no havia badat boca en tot el camí, ja que prou feina tenia per seguir els altres que anaven més lleugers que ell, va gosar dir:

–I si després de l'esforç anéssim a comprar unes ensaïmades per recuperar-nos?

La mare del Joan els va donar diners i els va indicar una pastisseria que trobarien en el camí de tornada.

–Pere, no canviaràs mai! A sobre que ens ha fet el favor, encara ens ha de convidar a berenar? Un altre dia t'ho faré jugar a sorts com als altres.

Mentre estaven discutint, va sonar el mòbil de la Berta. Era el pare de l'Albert, que havia arribat a casa i s'havia quedat molt sorprès d'aquella excursió improvisada.

La Berta va donar el mòbil a l'Albert tot dient:

–No m'agradaria estar a la teva pell, el teu pare treu foc pels queixals.

El Pere i l'Albert es van acostar el mòbil a l'orella.

–Pare, no podíem fer altra cosa...

–...

–D'acord. Ja ens esperem.

–...

–Sí. A la plaça de l'Ajuntament.

–...

–Fins ara. Gràcies pare.

–Ets un sol! –va afegir el Pere mentre apagava el mòbil i el donava a la Berta.

Efectivament, el pare de l'Albert era un bon home. En una altra ocasió hauria fet un bon sermó als seus fills. Però, si les coses havien anat d'aquella manera, ell se'n sentia una mica responsable, ja que tot allò era fruit de la conxorxa que havien fet tots plegats per tal de no comprar un mòbil a l'Albert. Ara no li quedava altre remei que col·laborar i donar-los una estirada d'orelles més lleugera.

L'endemà al matí, tal com havien quedat, la mare del Joan va portar l'ou dins el termos carmanyola i el van tornar a deixar dins la caixa amb l'estoreta elèctrica. Abans, però, l'Albert se'l va mirar a contrallum.

–Correcte! No ha passat res. Tot en ordre.

Estava tranquil. Segons les instruccions que li havia donat l'avi, aquell ou seguia el seu curs. I pels seus càlculs... cap al final de la setmana entrant, a tot estirar, naixeria el colomí.

Tal com havien quedat amb l'avi, el cap de setmana els va portar la incubadora de pollets, i van canviar el sistema d'incubació improvisat per un de debò.

Amb aquella incubadora podrien veure en directe el naixement del colomí.

Ecs, que lleig!

L'Albert havia fet un calendari que havia posat damunt la caixa amb la manta on guardava l'ou. Més endavant, el va posar al costat de la incubadora. Allà anava anotant les incidències, i també marcava amb certa por els dies que passaven.

Un matí, mentre feia la inspecció rutinària de mirar l'ou a contrallum, li va semblar sentir un soroll estrany.

Amb molt de compte se'l va posar a l'orella i va sentir com si dins l'ou algú estigués rebregant una fulla seca entre les mans. Allò el va espantar. Segons els càlculs de l'avi, encara faltaven dos o tres dies perquè sortís el colomí.

Va pensar que el millor que podia fer era tornar a deixar l'ou dins la incubadora i esperar l'arribada de l'avi, que li havia assegurat que passaria a veure'ls aquell matí.

Quan va arribar l'avi, els tres germans ja l'esperaven impacients a la porta del jardí.

L'Albert, així que el va veure, va córrer cap a ell i li va dir:

–Avi! Avi! Em sembla que està passant una desgràcia. L'ou ha fet un soroll estrany. Sembla que algú el rebregui per dins.

L'avi, amb un somriure d'orella a orella, va preguntar:

–Sona com si algú rebregués amb força una fulla?

–Com ho saps? Sí! Sí! –va cridar l'Aina abans que l'Albert pogués dir res.

–I tu què saps? Si no ho has sentit! –va dir el Pere.

–Ja ho sé. I tu tampoc no ho has sentit, però ho ha dit l'Albert. Oi Albert?

–Sí! Sí! És això mateix. Com si dins l'ou hi hagués algú matxucant una fulla seca.

–Tranquil, Albert. Això vol dir que tot va bé. Aquest soroll és l'embrió que picoteja contra la membrana fàrfara, que és la que fa una mena d'entapissat dins la closca. Saps què vol dir?

–Què vol dir? –van dir tots tres alhora.

–Que, a tot estirar, només li falten un o dos dies per treure el cap.

L'Aina va agafar l'ou amb molt de compte, tal com ho havia vist fer a l'Albert tots aquells dies, i se'l va posar a l'orella. Al moment va fer un crit!

–L'he sentit! L'he sentit!

–Què sents, tu? Enredafires! Tu no sents res!

–Que sí! Que sí! Ja piula –i donant l'ou a l'avi, va afegir–: Escolta-ho avi, ja veuràs com piula.

–Ja et crec, Aina. És veritat, algunes vegades es pot sentir. Però jo també tinc una bona notícia per a l'Albert.

–Ah, sí? Què és?

–El meu amic m'ha telefonat per dir-me que ja ha nascut el teu colomí. He quedat amb ell que l'aniríem a veure.

–Visca! Visca! –va cridar l'Aina.

–El podrem portar a casa? –va dir el Pere.

Els germans de l'Albert s'havien pres amb tant d'interès aquell assumpte dels colomins, que semblava ben bé que fossin seus. De fet, a ell tampoc no li importava gaire, ja que de moment no veia que un colom pogués substituir el mòbil que tant havia somiat.

L'avi va deixar una altra vegada l'ou dins la incubadora i va dir:

–Som-hi, doncs. Si heu esmorzat, ja podem marxar. Però millor que no hi anem tots. El meu amic està molt gelós dels seus coloms i m'ha dit que, com a màxim, tres. O sigui que tu, Aina, és millor que et quedis a vigilar l'ou.

L'Aina va remugar una mica, ja que li agradava anar darrere els seus germans, però prenent en consideració la responsa-

bilitat que li donava l'avi, va pensar que no estava del tot malament quedar-se a casa fent de sentinella. Així, si estava tota sola, ho aprofitaria per posar-se ben a prop de la incubadora i amb una mica de sort, qui sap si seria l'única que veuria néixer el colomí.

L'amic de l'avi ja els esperava. Es notava que també estava content.

–Serà un exemplar fantàstic, Albert. En podràs estar molt orgullós. Ah! T'he guardat la closca amb la *A* que hi vau dibuixar al damunt.

L'Albert estava desorientat. No sabia massa què dir, i caminava darrere l'avi i el seu amic, pujant aquelles escales de cargol que portaven al colomar.

Quan van obrir la porta del terrat, ja van començar a sentir pudor de colomassa i el parrupeig d'una colla de coloms que es movien d'un cantó a l'altre.

–Ecs! Quina pudor! –va dir el Pere tapant-se el nas.

–Això no és res! Ja us hi anireu acostumant. És aquest sac de colomassa que me l'han de venir a buscar.

Però l'Albert no estava per pudors i volia veure el seu colomí.

–I el meu colomí? On és?

El senyor Mateu, que així es deia l'amic de l'avi, el va agafar per la mà i li va dir:

–De moment només hi entrarem tu i jo, no fos cas que amb tanta colla s'espantessin. Després ja hi entraran el teu avi i el Pere.

Van entrar a una part del colomar. Era on hi havia els nius. Allà hi havia tot de coloms incubant els seus ous, i també algun colomí que ja havia nascut. Alguns coloms es van espantar davant la presència de l'Albert i van començar a volar d'un cantó a l'altre. Ell s'agafava ben fort a la mà del senyor Mateu mentre amb un fil de veu va gosar dir:

–I el meu? On és?

El senyor Mateu el va agafar a coll i li va ensenyar un niu on hi havia un colom incubant encara un ou i un colomí acabat de néixer.

L'Albert no sabia què dir. Aquell colomí era lleig de veritat. Com podia ser que amb pocs dies arribés a tenir l'aparença d'un colom? Segur que no era normal. I si era un colom bord? I si es quedava sempre així? I si estava malalt? On eren les plomes que el farien volar? Davant aquella imatge, només li va sortir una paraula:

–És lleig!

El senyor Mateu el va tornar a deixar a terra i, agafant-lo per la mà, van anar mirant els altres nius. Mentre, li anava explicant:

–Veus aquest? Ja té vuit dies. Veus les plomes del dors i del cap?

–Sí, sí, però també és lleig!

–No t'hi amoïnis, xicot. Mira aquest altre d'aquí. Aquest només té uns trenta dies, i segurament demà o demà passat ja deixarà el niu i començarà a volar fora del colomar. Què et sembla?

–Sí, aquest ja m'agrada més.

Quan van sortir, el Pere i l'avi van entrar a veure el nounat. Mentrestant, el senyor Mateu s'emportava l'Albert fins al menjador de la casa per instruir-lo una mica en aquest món nou dels coloms, que de moment li queia al damunt com una llosa.

Davant aquell colomí tan lleig, l'Albert començava a maleir el dia que havia gosat demanar un mòbil.

El senyor Mateu li va allargar un llibre de la seva biblioteca particular:

–Te'l deixo, Albert. Aquí trobaràs la solució a tots els problemes que se't puguin presentar. És un llibre molt antic, però ben segur que et serà de molta utilitat.

En aquell moment arribaven l'avi i el Pere, que no es va poder estar de dir:

–Si de l'ou que hi ha a casa també en surt un colomí com aquest, estem ben arreglats!

–No n'heu de fer cas, de l'aspecte dels primers dies –va dir el senyor Mateu–. Un bon colom a la llarga us pot donar moltes satisfaccions. En vols un per a tu, Pere?

–No! No! Ni parlar-ne! De moment ja en tinc prou amb els de l'Albert. I... quines satisfaccions ens pot donar, si es pot saber?

–Home, si l'entreneu bé i us guanya algun concurs... De fet, això són diners.

–Diners! –van dir l'Albert i el Pere alhora.

–Sí, i també copes.

–Tampoc està malament, Albert –va dir el Pere–. Amb els diners que guanyis amb el colom, et podràs comprar tu mateix el mòbil.

L'avi, que veia que els seus néts no estaven massa entusiasmats amb el colomí, va dir:

–Bé, per avui ja n'hi ha prou. Anem cap a casa a veure si l'Aina ens ha cuidat l'ou.

–Ja teniu amb què alimentar-lo quan surti? –va preguntar el senyor Mateu a l'avi.

–Mare meva! M'havia passat per alt! I... ho hem de solucionar avui mateix. Si surt de la closca i no ho tenim a punt, estem ben arreglats!

–Que no ens emportem el colomí? –va dir el Pere.

–No, de moment es quedarà aquí. La parella que l'ha incubat li donarà el menjar. Són molt vulnerables quan són tan petits. És millor que es quedi fins que ja mengi per ell mateix.

Van quedar que l'anirien a buscar a finals d'agost. Ara havien de pensar en l'ou que havien deixat a casa.

Pel camí de tornada, l'avi estava molt pensatiu. No es podia treure del cap que a ell, un columbòfil de tota la vida, li hagués passat per alt una cosa tan important: el menjar dels primers dies. Havien de preparar les coses per donar de menjar al colomí que havia de sortir de l'ou qui sap si l'endemà mateix.

L'Albert anava fullejant el llibre que li havia deixat el senyor Mateu, i amb aire resolt va preguntar.

–Què necessitem?

–Què necessitem? Per a què? –va dir l'avi, que semblava que estés embadalit en els seus pensaments.

–Per donar-li de menjar quan surti de l'ou.

–De moment necessitaríem una xeringa i un tub molt prim. Seria com el seu biberó.

–Ja ho tinc! El Joan! –va dir el Pere.

–El Joan? Què? –va preguntar l'Albert.

–Això ens ho pot donar la mare del Joan. Ella fa servir coses d'aquestes per als nens que té dins la incubadora.

–D'acord –va dir l'avi–. De moment ja tenim el biberó, però haurem de confeccionar-li la papilla.

–La comprem a la farmàcia –va dir el Pere.

–Pere! No siguis criatura! Com vols que donem llet a un colomí? –va dir l'Albert.

–Tranquils, nois, tranquils! Ja ho arreglarem. De moment procureu tenir per demà mateix la xeringa i aquest tub de goma petit.

Quan van arribar a casa, van trobar l'Aina davant la caixa, amb un estetoscopi de joguina penjat al coll.

–Què fas, Aina, amb la capsa de jugar a metges?

–L'he sentit piular dues vegades més –i assenyalant l'estetoscopi va afegir–: amb això se sent ampliat. Ja veuràs Albert, posa-ho a la closca de l'ou i segur que ho sentiràs.

L'Albert no estava per gaires jocs, però per no sentir més l'Aina, va agafar l'estetoscopi i el va aplicar a la closca de l'ou. De cop va fer un bot.

–És veritat! Piula una mica. Ah! Sembla que piqui al capdamunt. Avi! Avi! Ja vol sortir!

–Sí. Ho comença a intentar, però ben segur que no sortirà fins demà al matí. Sempre surten al matí, Albert. No cal que estiguis amb ànsia.

Van quedar per a l'endemà. L'avi es cuidaria de preparar el menjar per al nou colomí i l'Albert parlaria amb el Joan perquè la seva mare li aconseguís els estris per peixar-lo.

Podrien veure com sortia? Només calia esperar.

Un més a la família

Aquell matí de dissabte, a casa de l'Albert tot eren corredisses. Els seus pares, que a part de col·laborar en la construcció del petit colomar encara no havien pres part en tot l'enrenou, no entenien res de res.

L'Aina va demanar a la seva mare:

–Mare, m'hauries de deixar la balança que fas servir quan fas els pastissets.

–I què t'ha agafat ara? Que potser ens vols convidar a postres, avui?

–No! És per pesar el colomí.

–El colomí?

–Sí. Ho diu l'Albert. Hem de tenir totes les coses a punt.

La mare es va mirar el seu marit amb aire de resignació. Va obrir un armari de la cuina i mentre en treia unes balances petites va demanar a l'Aina:

–I... per què no ho feu amb la balança del lavabo?

L'Aina va cridar:

–Albert! Que va bé la del lavabo?

–No! De cap manera!

–Ja ho has sentit, mare. Diu que de cap manera.

–D'acord, té. Però espero que me la torneu ben neta.

Mentre només era l'ou el que estava dins la incubadora, tot semblava fàcil, però ara que el colomí ja estava a punt de trencar la closca, tot es complicava. La mare de l'Albert recordava els seus parts, i cap dels tres fills havia portat tant enrenou a aquella casa com el que s'estava preparant aquell matí de dissabte.

L'avi va arribar a les nou en punt.

–Què, com va? Ja ha tret el cap?

–Encara no –va dir l'Albert–. Però sembla que ja comença a picar.

–I el teu amic?

–El Joan? Ara ve. La seva mare ja li ha portat la xeringa i el tub de l'hospital.

Aquell matí, a diferència d'altres dies, tots esmorzaven plegats. Ningú no tenia pressa per anar a jugar com altres vegades. Hi havia un silenci sepulcral. Tots estaven

pendents del picoteig que feia el colomí per trencar la closca.

Quan el pare de l'Albert va entrar a la cuina i va veure tanta quietud, va preguntar:

–Que s'ha mort algú?

–Pare, no facis broma. Només faltaria que tingués problemes d'última hora.

–Qui ha de tenir problemes?

La mare li va picar l'ullet, mentre assenyalava la incubadora.

–Perdoneu, nois. Ja no diré res més –va agafar una llesca de pa amb tomàquet i un tros de fuet i va sortir cap al jardí.

L'avi va proposar que fessin torns, però els tres germans volien fer la primera guàrdia. No hi havia qui els tragués de la cuina.

El Joan va arribar amb la Clara. Portaven un paquet de xeringues i tres trossos de goma prima.

A les deu en punt es va començar a sentir un picoteig més intens. L'ou es començava a trencar per un cantó al capdamunt. Ningú no deia res. Tots feien uns ulls com unes taronges i procuraven no perdre's ni un detall. La mare de l'Albert va agafar la màquina de fotografiar i anava fent fotografies, ara a l'ou, ara als badocs.

Encara no es veia res, però a la closca de l'ou s'anava fent un cercle molt a poc a poc. Era el colomí que treballava per dins, preparant-se per sortir. En el precís moment que el cercle es va tancar, la part de dalt de l'ou va caure al terra de la incubadora.

–Està cansat! –va dir l'Aina.

–L'ajudem? –va demanar l'Albert al seu avi.

–No! No! Espereu! Ho ha de fer sol.

Només es veia un caparró amb els ulls tancats, i amb una cara de famèlic que semblava que no hagués menjat en una setmana.

El colomí es regirava d'un cantó a l'altre dins la closca. Realment semblava que estigués lligat per dins amb alguna cosa que li impedia donar el pas definitiu.

–No us preocupeu. No li passa res. Està unit per dins amb una membrana, que d'aquí a pocs moments es trencarà pel mateix contacte amb l'aire.

Efectivament, en un tres i no res el colomí va acabar de sortir de la closca i es va quedar exhaust dins la incubadora.

–Ara, haurem de baixar una mica la temperatura. I ens hem d'organitzar –va dir l'avi.

El Joan, la Clara i l'Aina, que encara no havien vist mai cap colomí acabat de sortir de l'ou, van quedar amb la boca oberta. No sabien què dir. El Joan, com a bon amic de l'Albert, no volia exterioritzar el que pensava en veure aquella mena d'ocell tan lleig. I amb prudència, va exclamar:

–Té una mica de borrissol i està molt dèbil.

La Clara, que a l'escola era la més entesa en qüestions de càlcul, va afegir tot seguit:

–Abans de res s'ha de pesar. És el que es fa quan neix un nen.

L'Aina, que sempre tenia el pensament a la punta de la llengua, va afegir:

–Mira que arriba a ser lleig! Vols dir, Albert, que era un ou de colom? No serà un mussol, amb aquests ulls? Fa una mica de fàstic, oi? Jo no li vull donar el biberó. Ni parlar-ne. Me'n vaig a jugar.

A l'Albert ja li anava bé que l'Aina no volgués col·laborar en les atencions que, des d'ara, necessitaria el colomí. Amb el seu caràcter, si s'hagués entestat a donar-li ella les farinetes, més d'una vegada l'hauria ennuegat.

L'avi va obrir el llibre que el senyor Mateu havia deixat a l'Albert, va agafar un ou de la nevera, el va trencar i va posar el rovell dins un vas. Tot seguit, va encendre el foc i hi va posar un pot amb una mica d'aigua i el vas amb el rovell a dins.

–Que vols fer un pastís, avi? –va preguntar el Pere, que no pensava en altra cosa que en els pastissos i les coses dolces.

–No. Durant els set primers dies, aquesta pasta que faré amb el rovell de l'ou serà el menjar del colomí. Normalment els la donen els seus pares. Ells segreguen unes farinetes dins el seu pap i això és el que mengen els colomins de bon començament. Però no voldreu pas que l'Albert faci el mateix, oi?

–Ecs! Avi, només faltaria –va dir l'Albert mentre es tocava el sotabarba.

L'Avi va escalfar el rovell al bany maria, i quan li va semblar que ja estava a punt, el va treure del foc i, dins el mateix vas, el va remenar ben remenat.

–El pare també remena els ous així quan ens fa aquella coca tan bona –va insistir el Pere.

Però tots estaven concentrats en l'operació que estava fent l'avi i no li van fer cas. Amb molt de compte, anava posant aquella mena de puré que havia quedat després de

tant remenar dins una de les xeringues que havia dut el Joan. Llavors hi va connectar la goma i va dir:

–Bé, ja està a punt. Aquest primer cop ho faré jo, però les altres vegades ja és feina vostra.

L'avi va agafar la boca del colomí, la va obrir i, mentre premia la xeringa per un extrem, anava introduint aquell líquid dins la gola d'aquell animaló famèlic. Quan va haver acabat, mentre es rentava les mans a la pica de la cuina, va dir:

–Ara ja heu vist com es fa. Ha de menjar tres vegades al dia. Més o menys com vosaltres. Esmorzar, dinar i sopar. Cada vegada que vosaltres mengeu, li doneu un puré com aquest. El dissabte vinent vindré i li posaré l'anella. Ah! I no us descuideu de donar-li aigua, és molt important.

Per haver gosat demanar un mòbil, ara l'Albert es trobava en un bon embolic. Tenia un colomí per cuidar i, per si fos poc, cada dia que venia l'avi, els sortia amb coses noves.

–Quina anella, avi?

–Tots els coloms porten anella de niu.

–Però si aquest ha nascut en una incubadora!

–És com quan neix un nen. Els pares l'inscriuen en un registre i els donen un llibre de família on consten nom i cognoms, data de naixement, lloc, etc. Nosaltres no farem constar que ha nascut en una incubadora. Li posarem el número de niu 1. I al davant, hi posarem la *A* de pal que vam posar a la closca. També ho anotarem en un llibre.

–Avi, no ens compliquis la vida, ja li posarem un nom.

La Clara, a qui tot allò de les anotacions, les dades i portar els comptes li agradava molt, va dir:

–Albert, no t'amoïnis, et faré de secretària. El dissabte vindré amb una llibreta.

El Pere es va oferir per donar-li el puré del dinar i el Joan va dir que hi aniria cada dia abans de sopar per donar-li el del vespre. D'aquesta manera, també comprovaria si faltava material i el demanaria a la seva mare.

A l'Albert no li quedava altre remei que donar-li l'esmorzar.

Aquella setmana va passar ràpid, però l'arribada del colomí no havia passat desapercebuda als seus amics i l'Albert no es va poder escapar que, el dissabte següent, la

Berta i el Roger també anessin a veure l'anellament del colomí.

L'avi, abans d'anar a casa de l'Albert, havia passat pel colomar del seu amic Mateu per anellar l'altre colomí. Quan va arribar, la primera cosa que va fer va ser anar al costat de la Clara i dir-li:

–Noia, ja pots apuntar a la llibreta.

–Què haig d'apuntar?

–He anat a anellar l'altre colomí. A aquell li he posat el número dos.

A la Clara tot això li agradava molt. Va obrir la llibreta i va apuntar la data de naixement que li va dir l'avi.

–Més endavant ja anirem posant-hi més coses. De moment, com que encara no li han sortit les plomes, no sabem de quina raça és. I dirigint-se a l'Albert, va afegir: –Albert, porta el colomí, que li posarem l'anella.

L'Albert va agafar el colomí amb molt de compte i el va portar a l'avi, que s'havia instal·lat davant la taula de la cuina. Es va treure una anella de la butxaca, va agafar el colomí amb una mà, mentre amb l'altra li agafava la pota i li tirava el dit gros cap endarrere.

–Avi! Que li faràs mal! –va cridar l'Albert.

–No li'n faig, de mal. Però si em doneu vaselina encara li'n faré menys.

–Què és vaselina? –va preguntar l'Aina.

El Joan, que per la professió de la seva mare estava acostumat a sentir bastants noms de medicaments, va anar cap a la farmaciola, en va treure un tub i el va donar a l'avi.

–Tu mateix, Joan. Unta-li els dits amb una mica de vaselina.

El Joan va untar els dits del colomí amb aquella pasta llefiscosa i, mentre l'avi li posava l'anella, va comentar:

–Si haguéssim esperat dos dies més, ja no li hauríem pogut posar.

El Roger anava voltant per allà, mirant d'un cantó a l'altre. Semblava que busqués alguna cosa. De cop va sonar el seu mòbil.

–Sí? Què vols?

–...

–Que no trobes el gat? És clar que no! Ha vingut amb mi.

–El gat? –van dir tots alhora.

–Ha volgut venir. A ell també li agraden els coloms. Sempre els empaita i vol jugar amb ells.

El gat del Roger va fer un salt damunt la taula de la cuina i va arrufar els bigotis mentre es passava la llengua d'un cantó a l'altre amb cara de satisfet, com qui està a punt de fer un gran àpat. L'avi va agafar el colomí entre les mans i el va tornar dins la incubadora.

–Roger! –va cridar l'Albert–. Si portes el gat no et deixarem venir cap més dia.

Després de l'ensurt d'aquell dissabte amb el gat del Roger, els dies passaven prou tranquils. Tal com havien quedat, feien torns per donar-li menjar i també li netejaven la incubadora de tant en tant.

Un dia, mentre l'Albert estava berenant a la cuina, va veure l'Aina que portava uns bolquers de les nines als dits i anava remugant:

–Vas amb cagarines, bufó, però no t'has de preocupar. Ara la mama ho arreglarà.

L'Albert no va fer cas d'aquest comentari. Sabia l'afecció de la seva germana a jugar amb les seves nines i canviar-los els bolquers. Però quan va veure que s'acostava a la incubadora on hi havia el colomí, va cridar:

–Aina! Què fas?

–Té cagarines, Albert. Així no embrutarà el seu niu.

–Als coloms no se'ls pot posar bolquers. Ja li donarem alguna cosa perquè no vagi tan desfet.

Des del mateix dia de l'anellament, van reduir els purés de farinetes i ja havien començat a donar-li gra. El passaven pel molinet de cafè fins que quedava en pols i li barrejaven amb aigua.

L'Albert, davant la insistència de l'Aina a voler solucionar amb els bolquers les cagarines del colomí, va fer bullir pastanaga i aquell mateix dia li va afegir el suc a la pols del gra.

LA FESTA DE BENVINGUDA

El mes d'agost tocava a la fi i l'Albert, el Joan, la Clara, el Pere i l'Aina havien decidit que farien una festa l'últim diumenge del mes per donar la benvinguda als dos colomins. De passada, farien una petita demostració per a tots els seus amics.

A mitjan agost, l'avi havia anat a buscar el colomí a casa del seu amic Mateu. Deia que els coloms, encara que siguin petits, si se'ls porta a un altre colomar, hi han de passar uns dies tancats abans de deixar-los volar, ja que algunes vegades tornen al colomar on han nascut i han estat criats. D'aquesta manera, l'avi i el senyor Mateu pensaven que, per al dia de la festa, aquell colomí ja s'hauria avesat al colomar de l'Albert.

El colomí que havien estat criant amb tanta cura tots plegats, tan bon punt va començar a caminar per la cuina, el van portar al terrat amb el seu company.

El colomar que havia fet el pare de l'Albert estava orientat al sud. Des d'allí es podia veure l'espigó amb el petit far al seu extrem. L'avi els havia explicat que això estava molt bé, perquè era un bon punt de referència a l'hora de tornar a casa, el dia que aquells dos colomins comencessin a volar.

La setmana anterior a la festa, cada matí l'avi hi anava per instruir l'Albert en tot el que feia referència a fer volar coloms.

Algunes vegades els deixaven volar al seu aire. D'altres, amb el pal i el mocador que el Pere i l'Aina havien regalat a l'Albert el dia del seu aniversari, els feien donar voltes rodejant el terrat de la casa.

Un dia, l'avi va cridar la Clara, que quan era a casa l'Albert sempre anava enganxada a la llibreta, i li va dir:

–Noia, ja pots portar la llibreta, que començarem a apuntar la filiació.

La Clara, tota contenta, va buscar la pàgina on havia apuntat el número d'anella. Va parar l'orella i va dir:

–Ja pot començar.

L'avi va agafar primer el colomí que havia fet incubar al senyor Mateu. Era més petit que el que havia incubat l'Albert. Davant del pap tenia una mena de corbata. Era de pit ample i bec curt, amb les carúncules blanques. Tenia uns ulls vius i sortits, el coll curt i les plomes brillants, d'un color vermell tirant a marró. L'avi se'l mirava una vegada i una altra de tots els cantons. Li estirava ara una ala, ara l'altra, com si amb un cop d'ull ja en tingués prou per saber la mida que feien. El colomí estava quiet i molt tranquil.

La Clara, amb la llibreta damunt els genolls, estava impacient. A la fi, l'avi va dir:

–Raça: «belga». Posa entre parèntesis: «Lieja». «Nascut el disset de juliol de l'any 2000. Vermell, amb plomes blanques a les ales. Membranes del bec i dels ulls molt desenvolupades.» –Va fer una pausa i va continuar–: Ara això no ho apuntis. De fet s'hauria de posar de qui és fill, però no ho sabem. De totes maneres posa-hi: «Fill probable de... pare i mare belgues.»

La Clara anava apuntant tot el que deia l'avi. Aquella feina de secretària li començava a agradar, però tenia un dubte.

–I... no hem de posar si és mascle o femella?

–Tens raó, Clara. Però encara no ho sé. És molt difícil saber-ho amb els coloms.

Aquest, de moment, té el cap més petit que l'altre i també sembla que el bec sigui una mica més curt. Per aquestes característiques podria ser una femella, però no em vull arriscar. Molts entesos han fracassat en les seves prediccions. Si d'aquí a un temps veiem que entre ells dos comença el festeig, sabrem exactament qui és el mascle i qui és la femella, però de moment ens cal esperar. Ara ja pots començar a apuntar la filiació de l'altre.

L'avi va agafar el colomí que havien criat dins la caixa i la incubadora i va fer la mateixa operació que amb el del senyor Mateu. La Clara se l'anava mirant de reüll. Aquest colom era una mica diferent de l'altre. A part del color, blau tirant a gris, tot ell era més gran. El bec el tenia més llarg, la cua era quasi tota blanca amb una petita taca negra. L'avi va començar amb el dictat.

–Raça: «belga». També posa entre parèntesi «Amberes». Serà una manera d'entendre'ns més endavant. «Nascut el divuit de juliol de l'any 2000. Blau rodat, amb una petita taca negra a la cua.» Igual que per a l'altre, posa: «Probable fill de pares belgues.»

La Clara va anar apuntant tot el que l'avi li deia. Tot i que hi havia coses que no entenia, no va dir res perquè tenia ganes d'anar a jugar. Just quan posava el punt i final, li va passar una idea pel cap, que va deixar anar tot seguit.

–I si féssim una llista de regals que podrien portar els nens el dia que vinguin a la festa?

–Regals? Per a qui? –va dir l'Albert, que encara no havia abandonat del tot la idea del seu mòbil.

–Regals per als colomins.

–Però... què vols que els portin, als colomins? –va dir el Pere.

L'avi, que estava escoltant la conversa, va dir:

–De fet és una bona idea. Amb el temps aniràs necessitant moltes més coses, Albert. I no aniria malament que féssim una llista.

La Clara, quan va sentir que l'avi també semblava afegir-se a la seva proposta, va tornar a agafar paper i llapis i es va posar al seu costat tot dient:

–Podem fer unes invitacions, com les que fan per anunciar un casament o un esdeveniment important.

–Podem posar nom als colomins! –va dir l'Aina, que feia estona que no havia badat boca.

–No estaria malament –va afegir l'avi–. Als coloms els agrada molt banyar-se. Seria un bon espectacle per als vostres amics. Ho assajarem dos o tres dies abans.

L'avi va començar a dictar a la Clara una llista de coses que els nens podien comprar per fer un regal als colomins. Tot eren coses que no valien gaires diners, i algunes les podien fer ells mateixos, si eren una mica traçuts.

Van fer unes quantes còpies de la llista i les van adjuntar a unes invitacions que deien així:

> L'ALBERT ET CONVIDA A LA PRESENTACIÓ EN SOCIETAT DELS SEUS COLOMINS BELGUES.
> FAREM UNA FESTA PER POSAR-LOS NOM, I ALGUNA DEMOSTRACIÓ.
> T'HI ESPERO, NO HI FALTIS.
>
> ALBERT

Va arribar el dissabte de la festa. L'Albert es va llevar molt de matí. No sabia ben bé què li passava.

En una petita nota, al peu de la invitació, la Clara hi havia afegit: «Confirmeu l'assistència.» Allò havia estat un problema, perquè així com en altres festes, a tot estirar, eren uns quinze o vint de colla, aquesta vegada s'havia creat tanta expectativa que tothom volia estar present en un esdeveniment com aquell. El dia abans, a la nit, a casa de l'Albert ja s'havien confirmat cinquanta de les invitacions que havien repartit.

L'Albert tenia por de fer el ridícul. «I si els colomins no volen sortir del colomar?», pensava. «I si davant de tanta colla de badocs agafen por?»

Els pares de l'Albert, veient el nombre desmesurat de confirmacions d'assistència, es començaven a plantejar si no els hauria sortit més a compte comprar el mòbil a l'Albert el dia del seu aniversari. A hores d'ara no es trobarien fent coques pels descosits i esprement sucs de taronja i de llimona com qui ha de donar beguda a una colla de camells assedegats al mig del desert.

Però havien de ser conseqüents amb les seves idees i no es podien pas tirar enrere en un dia com aquell, en què podrien comprovar de ben a prop si la seva negativa havia donat fruits positius.

L'Albert anava d'un cantó a l'altre sense saber què fer. Pujava al terrat i tornava a baixar cap a la cuina, on tota la família treballava a preu fet per tal de tenir les coses a punt per a la tarda.

Fins i tot el Pere ajudava a fer coques i pastissos. No és que tingués molta voluntat de col·laborar, sinó que aquella era una manera fàcil d'anar picant les engrunes que quedaven enganxades a les plates.

L'Aina estava atrafegada fent un marc amb banderetes de colors que ningú no sabia quina utilitat tindria. Quan algú li ho preguntava, ella només responia:

–Secret! Secret! –i continuava atrafegada amb aquell marc estrany, que més aviat semblava un cercle d'aquells que fan servir al circ per fer saltar els lleons d'un cantó a l'altre en les exhibicions que fa el domador per demostrar que els té ben ensinistrats.

La Clara va arribar a primera hora de la tarda. Duia la seva llibreta, on havia anat apuntant totes les confirmacions. Estava exultant en el seu paper de secretària. L'Albert, amb cara de resignació, li va preguntar:

–Quants serem?

–Si ahir ja en teníem una cinquantena... amb els que han arribat a última hora... jo diria que uns seixanta.

–Però, Clara, d'on ha sortit tanta colla? Si no hi ha tants nens al poble!

–Home, Albert, no solament hi ha els del poble. Recorda que també hi ha els estiuejants com la Berta i el Roger, i aquesta vegada també s'hi han afegit alguns nens dels pobles del voltant, i els de les masies del cantó de muntanya.

També el Joan va arribar abans de començar. I veient el seu amic una mica desorientat, va donar-li el regal.

–Té, Albert, per quan els dos coloms comencin a criar.

El Joan li va donar uns fulls que la seva mare feia servir per als nadons de les incubadores. Allò li podia ser de gran ajuda per quan tingués més colomins. Podia fer una gràfica dia per dia de tot el procés que anirien fent els fills dels coloms de l'Albert. Però com que ell no estava massa per aquestes coses, va pensar que ja les hi donaria a la Clara.

Van començar a arribar els convidats. Tothom portava un regal, que havien triat seguint amb atenció la llista que els havia fet la Clara.

De menjar li van portar: veces, blat, sal, arròs integral, grans de lli, grans de colza, grans d'anís, pèsols, blat de moro, sèsam, civada, mongetes. També hi va haver un nen que, aprofitant que els seus pares tenien una farmàcia, li va portar un pot molt bonic que hi deia «Sofre».

L'Albert encara no sabia com hauria de fer servir tot aquell menjar, i confiava que l'avi li anés aclarint aquell batibull. També el llibre del senyor Mateu, que havia començat a fullejar, l'ajudaria una mica. Però el pot de sofre, per a què li podia servir?

L'avi, així que va veure el pot, el va agafar, el va obrir i va exclamar:

–Fantàstic, Albert, això sí que són amics de veritat! Han pensat en tot!

–Per a què serveix el sofre?

–Les plomes dels coloms en tenen molt i, com pots suposar, ells necessiten menjar-ne molt sovint, i més encara quan comencen a mudar. De totes maneres, si mai et quedes sense sofre i no saps on anar-lo a buscar, també els pots donar col vermella o porros.

A l'Albert tot allò l'atabalava una mica. Ell, el que volia, era començar a veure com els seus colomins eren capaços de portar missatges i no sentir totes aquelles explicacions del sofre.

El Roger, que acabava d'arribar, va anar directe a l'Albert amb el seu regal. El Roger sempre volia ser el millor en tot. Si tots els nens explicaven històries fantàstiques, ell els havia de superar. Si tenien un patinet, ell, el millor. Així no era pas estrany que els volgués superar a tots amb el seu regal per a l'Albert.

–Què és? –van preguntar tots.

–Obre-ho, Albert.

L'Albert anava desembolicant aquell paquet amb una mica de desgana. Encara recordava l'últim regal del Roger. El tenia guardat dins el calaix de l'armari, ja que per desgràcia no el podia fer servir. Però en veure el que era va exclamar:

–Què és?

–És un portacoloms. Te'l pots lligar a la cintura. És semblant a la funda que et vaig regalar per al mòbil. Però aquesta és per a coloms.

Era una funda preciosa, semblava de metall negre, però alhora era molt lleugera. Portava unes inscripcions al damunt, amb unes lletres molt recargolades.

–D'on ho has tret?

–Ho ha comprat el meu pare en una botiga militar. Ho havien fet servir els soldats durant la guerra per portar els coloms d'un cantó a l'altre.

A l'Albert allò ja li començava a agradar. Només li sabia greu que de moment el regal més bonic vingués del Roger.

La Berta també va portar una ampolleta amb una etiqueta que posava: «Oli de fetge de bacallà.»

–Ecs! Quin fàstic! –va dir el Pere quan la va veure.

L'Albert va deixar el regal de la Berta damunt la taula i va anar a rebre el senyor Mateu, que acabava d'arribar amb un paquet petit.

–Té, Albert, he pensat que això sí que et faria il·lusió.

L'Albert va desembolicar aquell paquet tan petit i en va treure un tub que no sabia massa per a què podia servir.

–No vols enviar missatges? Això és un portamissatges. Et farà servei quan vulguis enviar-ne algun.

El Pere, que va veure que la cosa es començava a animar, també es va apropar amb el seu regal.

–Això també t'agradarà, Albert.

Era un xiulet molt bonic. L'havia comprat a un moro que passava cada tarda per la platja oferint objectes típics del seu país d'origen.

L'Aina es va atansar amb el seu regal fet de banderetes. A la fi podrien aclarir la utilitat d'aquell objecte que havia estat fent amb tant de misteri.

–Té, Albert. Això és perquè ho posis a la porta d'entrada del colomar. D'aquesta manera els coloms reconeixeran de seguida casa seva.

La Clara s'havia posat a la porta per controlar els convidats. Així que entraven, els demanava la invitació, i si se l'havien descuidat, els buscava a la llista i esborrava el seu nom. Ja quasi havien arribat tots. Va anar cap a l'Albert i li va dir:

–Albert, ja podem començar.

L'Albert estava una mica nerviós. Davant tanta expectació temia la reacció dels dos colomins.

Amb molt d'ordre van anar pujant tots cap al terrat. El seu pare havia preparat unes grades amb unes fustes. D'aquesta manera tots els nens podrien veure la demostració sense aglomeracions.

Quan l'Albert va arribar al terrat va tenir una sorpresa: el regal de l'avi. Era una cistella per transportar coloms. Això volia dir que aviat podrien començar a portar-los cap a altres llocs i des d'allí els farien tornar a casa amb el missatge que l'Albert els hauria posat dins el portamissatges que li havia regalat el senyor Mateu. Però era qüestió de començar l'espectacle, no fos cas que tota aquella colla de convidats comencessin a esvalotar el colomar.

De primer, van treure la piscina petita de l'Aina i la van posar al terra del terrat. Tothom es va fer un tip de riure, i els comentaris anaven creixent mentre el Joan l'anava omplint d'aigua amb la mànega i hi afegia unes pólvores de perfum que havia portat algun dels convidats. De sobte, es va fer un mutis general quan van veure l'Albert que sortia del colomar amb els dos colomins.

L'Albert els va posar dins la piscina tal com havien assajat els dies abans. De veritat que allò era tot un espectacle. Els dos colomins estiraven ara una ala ara l'altra, posaven el cap dins l'aigua i s'espolsaven. Xipollejaven dins la piscina de l'Aina, sense tenir en compte que hi havia una colla de badocs que no els treien els ulls de sobre.

Els nens estaven més quiets que una estàtua. L'Albert va agafar una petxina i els va començar a tirar una mica d'aigua pel damunt mentre amb aire cerimoniós anava dient:

–Tu, colomí vermell, et diràs Roig. I tu colomí blau des d'avui et diràs Cua Blanca.

Tots els nens van aplaudir i els colomins, espantats, van començar a volar per damunt del colomar. Aleshores l'Albert ho va aprofitar per treure el pal amb el mocador blanc que li havien regalat el Pere i l'Aina i el va començar a fer vinclar donant voltes en cercle.

Els nens van callar de nou i els dos colomins van començar a fer voltes seguint el cercle que dibuixava en l'aire el mocador blanc. L'Albert començava a estar satisfet dels seus colomins. Va agafar el xiulet que li acabava de regalar el Pere i el va fer sonar. Però els colomins no en feien cas. A la fi, va fer el so que havia començat a fer durant els entrenaments i els colomins van començar a tornar.

Primer el Cua Blanca, que va aterrar damunt la plataforma d'entrada. I com qui dóna un cop d'ull al seu voltant observant les cares d'entusiasme dels convidats i traient el pit enfora, va entrar dins el colomar.

De sobte, quan semblava que el Roig enfilava directe cap al terrat, va enlairar-se de nou i va fugir cap a una altra direcció.

L'Albert estava desorientat, vinclava una vegada i una altra el pal, amb la intenció de fer-lo tornar, però el Roig s'allunyava cada vegada més, fins que el van perdre de vista quan desapareixia darrere les cases del poble.

–Deixa-ho estar, Albert. Ja tornarà –va dir l'avi intentant consolar-lo–. Ara és millor que anem tots a berenar. Quan no vegi tanta gent aquí al terrat, segur que entrarà sol al colomar.

De fet, aquella havia estat una festa millor que la del seu aniversari. Tots els nens estaven molt contents i tothom s'interessava pels colomins de l'Albert. La prova era la pila de regals que hi havia damunt la taula del jardí.

Un pastís per al Pere

Després d'aquella festa van seguir dies de calma.

El Roger se'n va anar a primers de setembre. El dia abans de marxar, va anar amb els seus pares a casa de l'Albert per acomiadar-se i ho va aprofitar per demanar-li de pujar al colomar.

En veure que només hi havia el Cua Blanca, va dir:

–El Roig ja no tornarà, Albert.

–L'avi em diu que no el puc donar per perdut. A més, porta l'anella i, si algú el troba, m'ho farà saber.

–Mira que arribes a ser babau! A la gent no els agraden els coloms. Ho embruten tot.

–Però el Roig no.

Sort que el Roger només passava els estius en aquell poble, perquè si hi visqués tot l'any, a l'Albert no li agradaria gaire tenir-lo sempre com a amic.

Mentre estaven discutint, va sonar el mòbil del Roger.

–Sí? Sí. Sóc a casa de l'Albert. Ja marxem.

–...

–Sí. Ens veiem la setmana vinent.

–...

–Ah, sí? Ara mateix li ho dic.

–...

–De part teva. Adéu.

El Roger va apagar el mòbil i va dir:

–Era la Berta, m'ha donat molts records... –va dubtar un moment abans de continuar, però a la fi va dir amb un fil de veu que quasi no es va sentir–. Diu que ha trobat el senyor Mateu.

–I què?

–Que ve cap aquí i et porta el Roig.

L'Albert, quan va sentir això, va arrencar a córrer escales avall. Allò era fantàstic. Tornaria a tenir els dos colomins dins el colomar.

El senyor Mateu va arribar amb una gàbia. A dins, hi portava el Roig.

L'Albert va córrer a mirar-lo.

–No li ha passat res?

–Va aparèixer ahir al meu colomar. Sembla que encara se'n recorda. No et vaig telefonar perquè et volia donar la sorpresa personalment.

L'Albert se'l mirava amb molta atenció. Li trobava alguna cosa diferent. El va agafar i li va estendre les ales com ho havia vist fer al seu avi. De cop, es va espantar i va dir:

–Li falta una ploma!

–No, no et preocupis, Albert. Encara que sigui petit, és probable que comenci la muda. De totes maneres aquest any no les canviarà totes.

L'Albert va posar el Roig dins el colomar amb el Cua Blanca. De nou els tornava a tenir junts, i esperava que aquesta vegada fos per més temps.

El senyor Mateu li va dir que seria millor que no fes volar el Roig durant uns quants dies, i que per res del món li obrís les portes del colomar, ja que seria molt probable que es tornés a escapar.

–De totes maneres, una cosa tenim segura. Si se'n va, ja sabrem on trobar-lo.

Ara que tenia els dos colomins altra vegada dins el colomar, l'Albert va pensar que era un bon moment per confeccionar els pans de mixtura, tal com li ho havia explicat l'avi. Així, un dia que hi va anar la Clara, van aprofitar per preparar-los.

La Clara, que també havia llegit el llibre del senyor Mateu, va treure la seva llibreta i va començar a apuntar mentre comentava:

–Ara que ja tens els dos colomins podem fer millor les proporcions. Fer-ho per a un de sol és molt difícil. Has portat la grava, Albert?

–Sí.

–Jo he guardat les closques d'ou. El dilluns la mare va fer una truita de patates per a la colla i les vaig guardar totes.

–La sal, la podem agafar de la cuina –va dir l'Albert.

–Vas posar els ossos de sèpia a assecar?

–Sí! Els vaig demanar al restaurant del passeig. Crec que em van prendre per boig. Els vaig dir que eren per fer un collaret per a la mare.

–Aquí també diu que s'hi han de posar ossos calcinats i terra d'enderrocs.

–Això és fàcil! Quatre carrers més amunt van enderrocar una casa vella per fer-hi pisos. Segurament servirà.

–Tampoc no ens passem, Albert. Qui sap si no és millor que hi posem una pastilla de la calç que es pren la meva àvia per enfortir els ossos. Això segur que no els farà cap mal.

–D'acord.

La Clara i l'Albert es van passar tota la tarda confeccionant aquells pans, que més endavant deixarien al terra del colomar amb la intenció que els dos colomins anessin picotejant i així, amb aquell aliment, tindrien tots els elements necessaris per créixer forts i que no els faltés res per ser uns bons missatgers.

Estaven satisfets. Els pans de mixtura els havien sortit molt bonics, i la Clara hi havia fet uns dibuixos a sobre que talment semblaven pastissets. Els van posar en una plàtera i els van deixar al replà de la finestra de la cuina perquè hi toqués el sol i d'aquesta manera s'assequessin més aviat.

Per sort d'ells, aquella tarda no hi havia ni el Pere ni l'Aina, que sempre ficaven el nas en els assumptes de l'Albert. Això els va anar molt bé, perquè si haguessin tingut aquell parell rondant per allí, en comptes de sal el Pere encara hi hauria posat sucre.

L'endemà al matí, mentre l'Albert es preparava l'esmorzar, va veure el Pere que mastegava i feia una cara estranya.

–Què et passa, Pere? –li va preguntar.

–No ho sé. La mare ha fet uns pastissets una mica estranys. Tenen un gust més aviat salat, i semblen una mica terrosos.

–On eren aquests pastissets?

–Damunt el replà de la finestra de la cuina. No sé pas qui els hi va deixar.

–Pere! No són pastissets! És el menjar dels colomins!

El Pere va escopir allò que tenia a la boca i va anar directe a l'aixeta de la cuina.

–Ja t'està bé! Per golafre!

–Això es mengen els teus colomins? Vomitaran. Segur que no ho volen.

Sort que el Pere només se n'havia menjat un, i encara els en quedaven mitja dotzena més. Van pujar al colomar i en van deixar un al terra. Els colomins s'hi van acostar i s'ho miraven molt estranyats. L'Albert, el Pere i l'Aina ho observaven des de fora amb molta atenció. El Roig s'hi va atansar i va picotejar-ho. Allò li agradava tant, que no deixava que el Cua Blanca s'hi acostés.

L'Albert va picar de mans i el Roig va fugir. El Cua Blanca ho va aprofitar per anar a picotejar el pastisset.

–Ecs! Ecs! –anava dient el Pere mentre mirava el Cua Blanca.

–Així aprendràs a no menjar tot el que et trobis al davant.

–Jo també et vull ajudar a fer menjar de coloms –va dir l'Aina.

Després d'aquell petit ensurt amb els pans de mixtura per als coloms, l'Albert va passar uns dies tranquils. Cada matí deixava sortir el Cua Blanca, davant la mirada engelosida del Roig. Però havien de passar encara uns quants dies, abans no el pogués deixar volar.

Encara havia de començar l'escola, i frisava perquè arribés la primavera i poder iniciar els entrenaments. També tenia un dubte: s'aparellarien els dos colomins? Si no era així, com ho faria per trobar-los pretendents?

Comença un nou curs

Aquell setembre, el començament del nou curs va ser molt especial.

Generalment, el primer dia de classe tothom explicava què havia fet aquelles vacances. Qui més qui menys tenia aventures per explicar: una excursió de nit pel mig del bosc, un creuer fallit a causa d'un fort temporal o unes plàcides vacances en uns llacs italians.

Quina sorpresa va tenir el mestre quan, a l'hora de corregir les redaccions on cada nen explicava el que més li havia impressionat aquelles vacances, quasi tots van coincidir a relatar algun fet relacionat amb els colomins de l'Albert!

El Joan va explicar l'anada a l'hospital per no interrompre la incubació de l'ou el dia de l'avaria de la llum.

La Clara no es va descuidar cap detall a l'hora de contar com s'omplia una fitxa de niu.

El Pere, mig rient i una mica amb cara de fàstic, va recordar el dia que es va menjar els pans de mixtura que l'Albert i la Clara havien preparat per als colomins.

Altres van explicar impressionats el bany dels dos colomins a la piscina de l'Aina.

I l'Aina, posant-hi molta imaginació, va explicar que la porta de colors que ella havia construït, a hores d'ara feia de bandera de la barca del seu pare, ja que els colomins de l'Albert eren una mica porucs i s'havien espantat amb tantes coloraines.

L'Albert va descriure amb pèls i senyals el desengany que va tenir el dia del seu aniversari, tot i que ara se sentia feliç quan veia que, per un motiu o altre, aquell estiu tots els nens del poble el recordarien a ell amb força admiració i estima.

Un divendres de mitjan octubre, quan els colomins ja tenien tres mesos, van rebre la visita de l'avi.

–Com van els colomins, Albert?

–Volen cada tarda, i ja reconeixen el meu xiulet.

–Fantàstic! Demà mateix podrem començar la seva educació.

–Què vols dir? Que també han d'anar a escola?

–Més o menys. Els hem d'acostumar a saber tornar a casa. Ja fa una mica més d'un mes que volen al voltant del colomar. Això està bé, però no ens podem quedar aquí. Un dia et vaig dir que podrien portar missatges, i aquí és on hem d'arribar.

A l'Albert, quan sentia la paraula *missatge*, se li eixamplava el cor. Si tot era qüestió d'educació, valia la pena posar-hi els cinc sentits. D'aquesta manera, quan arribés l'estiu i vinguessin el Roger i la Berta amb el seu mòbil, l'Albert els faria la competència amb els seus missatgers.

L'endemà, de bon matí, van agafar la cistella que li havia regalat l'avi, hi van posar els dos colomins i van caminar per un caminet al costat de la via del tren durant una mitja hora.

–Avi –va dir l'Albert–, ens hem descuidat de donar-los menjar!

–No. La primera vegada val més que vagin dejuns. D'aquesta manera tindran gana i frisaran per tornar a casa i menjar. Si anessin tips, encara s'entretindrien pel camí.

–I... per què anem pel costat de la via?

–Els coloms han de tenir punts de referència per arribar a casa. Demà seguirem direcció oest, pel costat del riu, i farem dos

quilòmetres més. D'aquesta manera anirem canviant de direcció i augmentarem les distàncies. El diumenge vinent provarem d'aviar-los des del mar.

Tot allò era molt emocionant. Quan arribaven a un lloc que l'avi considerava adient, obrien la cistella i els dos colomins s'enlairaven cel amunt. A casa, s'hi havien quedat el Pere i l'Aina amb els binocles, esperant el retorn del Roig i el Cua Blanca.

A l'Albert, quan obria la cistella, se li encongia el cor. Temia que no sabessin tornar al colomar.

–No has de patir, Albert. Si els eduques bé, sempre tornaran.

El dia que havien de deixar anar els colomins des del mar, van demanar d'anar a pescar amb la barca del pare de l'Albert.

Van marxar a les sis del matí. Encara era fosc. El Pere, com ja començava a tenir per costum, s'havia quedat a casa per controlar l'arribada dels dos colomins. De fet, a ell no li agradava matinar tant, i tampoc volia perdre's l'arribada per mar dels missatgers.

Tal com havien quedat, a les vuit en punt li va sonar el despertador. Va pujar dalt del terrat amb els binocles. Intuïa la barca del seu pare allà lluny. La distingia per les coloraines de la porta de l'Aina, que ara feia de bandera.

Al cap de poca estona va veure com s'acostava el Cua Blanca, i després de donar dues o tres voltes damunt el far de l'espigó, enfilava directe al colomar. Darrere d'ell venia el Roig, que va començar a fer cercles damunt el far una vegada i una altra sense acabar d'agafar la direcció correcta cap al colomar.

El Pere no sabia què fer. Veia el Roig donant voltes al far, seguit de tres o quatre gavines que al seu costat semblaven avions. Ja sabia que les gavines s'acostaven al far per poder menjar els peixos que els pescadors tiraven a l'aigua abans d'entrar a port. Però i si, afamades, volien empaitar el Roig?

Va agafar el pal amb el drap blanc i va començar a vinclar-lo fent cercles en l'aire. Mentre, amb el xiulet intentava imitar aquell so que només sabia fer l'Albert. I el Roig que no tornava.

De cop, va veure com emprenia la direcció de la via del tren i des d'allí enfilava directe al colomar.

Després d'estar-se una bona estona damunt la plataforma d'entrada, mirant a un cantó i a l'altre com qui dubta entre tornar a casa seva i emprendre de nou el vol, va desplegar ara una ala ara l'altra, va treure el pit enfora, va aixecar el cap enlaire i, com qui creua triomfant la meta després d'una gran cursa, va entrar al colomar i es va posar a beure aigua al costat del Cua Blanca.

El Pere, cansat d'haver fet anar el pal d'un cantó a l'altre i esgotat de tanta tensió, així que va tenir el Roig dins el colomar, va omplir la menjadora de gra, com li havia dit l'Albert, va tancar la porta i va baixar a la cuina a fer-se un bon esmorzar.

Tot el que va durar aquell hivern, els dissabtes i diumenges els aprofitaven per fer sortides curtes amb els dos colomins. Generalment també s'hi afegien el Joan i la Clara. Alguna vegada agafaven el tren i baixaven dues estacions més amunt. Allà, deixaven anar els dos colomins. Després de fer un bon esmorzar, tornaven a casa.

Un dia de finals de febrer, l'Albert va rebre la visita del senyor Mateu.

–Com van els teus colomins, Albert?

–Molt bé. Els caps de setmana els portem en tren i els deixem anar dos o tres pobles més enllà.

–Què et sembla si aquest cap de setmana veniu amb mi amb la furgoneta i aviem els meus, juntament amb el Roig i el Cua Blanca?

Allò li semblava molt bé. Veuria els seus dos colomins enlairar-se juntament amb d'altres.

–Els podria posar ja un missatge?

–Sí, ja et duré un altre portamissatges.

Aquell diumenge el Pere no va voler quedar-se a casa per rebre els colomins. Deia que sempre era ell qui s'hi quedava i que aquesta vegada volia variar. Va ser l'Albert qui es va quedar. Tampoc li importava, així seria el primer a rebre el missatge. Abans, però, va fer prometre al Pere que faria una fotografia dels coloms quan s'enlairaven.

–Quin missatge hi posareu? –va preguntar l'Albert.

–És una sorpresa –va dir el senyor Mateu–. Si sabessis el contingut, ja no seria un missatge, no et sembla?

El senyor Mateu va passar a buscar els dos colomins i el Pere a les vuit del matí. Encara havien d'anar a buscar la Clara i el Joan. L'Aina es quedava amb l'Albert.

–Jo també vull rebre un missatge –deia.

Tal com havien quedat, a les deu en punt, l'Albert estava dalt del colomar amb els binocles, esperant veure l'arribada dels dos colomins.

–I si el Roig no arriba?

–Calla, Aina! Ja el veig!

–El Roig?

–No ho sé. Crec que són tots dos.

Efectivament, per primera vegada arribaven els dos colomins alhora. Es van aturar a la plataforma d'entrada, van mirar al seu voltant i com si fos un miracle van entrar dins el colomar.

L'Albert va tancar les portes d'entrada i de sortida, i es va ficar dins. Va agafar primer el Roig i va treure el paper de dins el portamissatges.

–Què hi diu? –va cridar l'Aina des de fora el colomar.

L'Albert va llegir en veu alta:

–«Primera expedició al Turó Pelat. Tot bé. Fins aviat. Mateu i Cia».

A la fi l'Albert rebia un missatge. Ara només li faltava llegir el que portava el Cua Blanca. El va agafar i també el va llegir en veu alta.

–«Albert. Si ha arribat el Roig, l'operació haurà estat un èxit. Endavant!»

Davant aquells dos missatges, a l'Albert se li van obrir les expectatives. Intentaria fer criar els colomins i podria muntar una xarxa de missatgers. Seria millor que tots els mòbils plegats. També podrien enviar missatges xifrats.

L'Albert va guardar els dos missatges dins la llibreta on la Clara apuntava totes les incidències i va baixar al jardí a esperar l'arribada de la furgoneta del senyor Mateu.

LA PRIMAVERA LA SANG ALTERA

Hi ha una dita popular que diu: «La primavera la sang altera», però aquest no era el cas dels dos coloms de l'Albert.

Era cap a finals d'abril. A l'escola celebraven la festa de Sant Jordi. L'Albert i el Joan havien escrit plegats un poema d'amor per a la Clara, però ella es feia una mica el desentès. Deia que el trobava infantil i que, de fet, ells tres només eren bons amics. Per això un dia els va confessar que estava boja per un noi de la classe dels grans.

–Però si no et fa cas –li va dir l'Albert.

–És un pinxo –va afegir el Joan.

–Però m'agrada. Tot el dia hi penso. És tan guapo! Mireu, jo també li he fet un poema.

El Joan i l'Albert van llegir el poema que la Clara havia fet per al seu enamorat i, moguts per l'enveja o qui sap si dient la veritat, li van dir:

–Deixa-ho córrer, Clara. El teu punt fort són el números. Si li dónes aquest poema, ben segur que no et farà cas. És millor que li enviïs un problema per resoldre, o dibuixa una rosa feta de xifres i signes. Seria més original.

–Mira que arribeu a ser criatures! Em pensava que us podia confiar un secret.

–Nosaltres, criatures? –va dir l'Albert–. Ah! Me n'oblidava. Hauríeu de venir un dia al colomar. Em sembla que aquell parell no volen festejar. Potser si els llegim els poemes d'amor s'animaran una mica.

Era veritat. El Roig i el Cua Blanca no festejaven. El pare de l'Albert els havia fet uns nius molt espaiosos i bonics. En dos d'aquests nius, hi havia deixat dues cassoles de niu, perquè més endavant poguessin acabar-ho d'arreglar al seu gust. Penjat a una banda de la paret del colomar, hi havia deixat dos manats d'espart, perquè els dos coloms tinguessin material suficient per preparar el niu. Però res de tot allò donava ànims als dos coloms. Sí que es miraven, i algunes vegades semblava que jugaven, però la cosa no passava d'aquí.

L'avi els havia explicat que cal tancar-los dins el niu dos o tres dies seguits sense dei-

xar-los sortir, i al final s'aparellen. Però no era aquest el cas del Roig i el Cua Blanca. Perquè, després de tenir-los tres dies tancats es van començar a esbatussar i si no arriba a ser per l'Albert, que hi va arribar a temps, aquells dos coloms s'haurien començat a desplomar el coll dels cops de bec que es donaven.

L'avi va parlar amb el senyor Mateu i ell els va ajudar.

Un dissabte de començament de maig el senyor Mateu va arribar a casa de l'Albert amb dos coloms.

–T'he portat dos mascles grans i vigorosos. Perquè hem de suposar que aquests dos coloms teus deuen ser femelles. De fet, segurament són femelles tardanes, *arrière-saison*, que dirien els francesos. Els entesos diuen que si a les femelles *arrière-saison* se'ls aparella amb mascles una mica madurs, els resultats poden ser molt bons.

–I... ara què haig de fer? –va preguntar l'Albert, que es mirava aquells dos coloms amb un cert respecte.

–Dins un niu poses el Roig amb un d'aquests. I el Cua Blanca el poses amb l'altre. Si de veritat són femelles ja veuràs com d'aquí a dos o tres dies ja s'hauran aparellat.

–Quan els hi haig de tornar?

–No et preocupis per això. De moment te'ls pots quedar. Ah! I sobretot no els obris el colomar, ja que vindrien a casa meva sense pensar-s'hi. Aquest parell ja deuen tenir cinc anys i fins i tot han tornat a casa de nit, o sigui que, vés amb molt de compte amb la porta de sortida.

El senyor Mateu va marxar molt content. Estava satisfet de veure que un noi com l'Albert havia aconseguit tirar endavant aquell parell de coloms.

Aquell mateix matí, tan bon punt el senyor Mateu va ser fora, l'Albert va pujar al colomar i va posar els coloms dins els nius respectius tal com ell li havia explicat. Va pensar que, de moment, era millor deixar-los sols i que festegessin sense «espelma». De fet, a ell tampoc no li agradaria gens que, el dia que decidís declarar-se a una noia, hi hagués algú davant observant-lo.

L'endemà, diumenge, hi van anar la Clara i el Joan, i van pujar al colomar.

El Cua Blanca i el colom del senyor Mateu s'estaven fent carantoines. El colom parrupejava, es netejava les plomes i feia cara de satisfet.

–Em sembla que a aquest parell ja els podem obrir el niu. Es nota d'una hora lluny que s'han enamorat –va dir l'Albert.

–I els altres dos? –va preguntar la Clara.

–A tu què et sembla?

–No ho sé. El Roig no el veig gaire entusiasmat. I si no li agrada? –L'Albert va pensar un moment i va continuar:– Crec que li podríem donar una altra oportunitat.

–Què vols dir? –va preguntar el Joan.

–Podem posar-li un missatge i que se'n torni al colomar del senyor Mateu.

L'Albert va obrir el niu, va agafar el colom i li va posar un missatge a la pota que deia:

AL ROIG NO LI AGRADA AQUEST PRETENDENT. GRÀCIES.

ALBERT

Aquesta vegada va tenir la precaució de deixar anar només el colom del senyor Mateu, ja que va pensar que, si el Roig el seguia, encara tornaria al colomar on va ser criat.

L'endemà mateix, a la tarda, va aparèixer el senyor Mateu a casa de l'Albert amb un altre colom.

–Sí que és capritxós, el Roig. Espero que aquest que li porto avui sigui del seu gust. Sempre m'ha fet molt bones marques en les aviades de competició. Si aquest no li agrada, ja podem plegar. Hauràs d'esperar l'any vinent.

De fet, el Roig sempre havia estat més entremaliat que el Cua Blanca. Però tot i així, l'avi deia que era un bon colom, i que més endavant l'Albert el podria entrenar per fer viatges d'anada i tornada. Encara que fos una mica rebel, valia la pena donar-li les mateixes atencions i el mateix entrenament que al Cua Blanca.

L'Albert va tancar el nou colom del senyor Mateu i el Roig altra vegada dins el niu, i els va deixar sols. No tenia ganes de veure com el Roig deixava plantat aquest segon colom.

Els que sí que feia goig de veure eren el Cua Blanca i l'altre colom del senyor Mateu.

Semblava que ja havien començat l'acoblament, perquè aquell mascle saltava damunt el Cua Blanca, que s'asseia al terra del colomar aixecant una mica les plomes de la rabada per facilitar-li la feina. Després, començaven a volar per dins el colomar. Es notava que volien sortir a fora com qui vol fer una mica de vol nupcial, però l'Albert, seguint els consells del senyor Mateu, no els va obrir la porta de sortida, ja que aquell mascle, tot i que era molt probable que ja hagués fecundat el Cua Blanca i la considerés des d'aquell moment la seva parella, encara podia tornar al seu colomar.

Cada tarda, després de sortir de classe, l'Albert pujava al colomar. Donava un cop d'ull als dos nius i observava el Roig, que aquesta vegada també es feia pregar.

Un dia, quan va arribar d'escola, l'Aina l'esperava al jardí.

–Albert! Albert! Ja s'ha enamorat!

–Qui s'ha enamorat?

–El Roig!

–Com ho saps?

L'avi va sortir de dins la casa i li va aclarir el dubte.

–És veritat. El Roig no ha pogut resistir els encants del segon colom. Ja li pots obrir el niu.

Així ho van fer. El Roig i el seu pretendent van començar a anar l'un darrere l'altre tal com ho havien fet dies abans el Cua Blanca i l'altre colom, que actualment estaven preparant el niu amb l'espart que el pare de l'Albert els havia penjat a la paret.

Ja que no podien deixar sortir els dos mascles per por que no tornessin al colomar, l'avi els havia portat tiges d'herba, fil d'empalomar i alguna branca seca perquè, a més de l'espart, les dues femelles tinguessin prou material per construir el niu al seu gust.

Tot aquell moviment li agradava molt, a l'Albert. I més perquè aquesta vegada no s'hauria de preocupar per la incubació dels ous, ja que les dues parelles de coloms s'encarregarien de fer tota la feina.

Una tarda, quan hi van anar la Clara i el Joan, van veure com el colom del senyor Mateu, que havia construït el niu amb el Cua Blanca, feia un plany estrany que no s'assemblava gens al parrupeig que li havien sentit dies abans. A aquell plany el seguien uns tremolors a les ales.

–Està malalt? –va preguntar el Joan.

–No! Està cridant el Cua Blanca perquè vagi cap al niu –va dir la Clara amb cara de suficiència–. Ho he llegit. Segurament demà ja pondrà el primer ou.

Efectivament, l'endemà mateix el Cua Blanca va pondre el seu primer ou, i al cap de dos dies, a la tarda, va pondre el segon. A partir d'aquell moment els dos coloms van incubar aquells dos ous. S'ho feien a

torns, fins a mig matí incubava la femella, i quan el mascle s'hi apropava amb aires de suficiència, ella li passava el torn. A mitja tarda tornaven a fer canvi, i així succesivament sense interrupció.

Aquell final de maig i començament de juny, l'Albert va estar molt entretingut. També el Roig havia post dos ous, i amb el seu nou company també feien torns, però el Roig no volia treballar tant, i a la tarda feia incubar una estona més a la seva parella.

Van néixer quatre colomins molt lletjos, però l'Albert ja no es va espantar. Ell sabia que al cap d'un mes serien uns colomins magnífics.

La Clara hi va anar el dia que van fer l'anellament. Ella era l'encarregada d'omplir totes les dades i les fitxes de niu.

També van decidir fer unes petites variacions en els noms dels dos coloms, ja que ara sabien del cert que es tractava de dues femelles. Així, des d'aquell moment, al Roig li van dir la Roja i, al Cua Blanca, la Cua Blanca.

Un dia, quan aquells colomins ja havien començat a menjar sols, va fer-los una visita l'avi, que va pujar directe al colomar com si s'hagués descuidat alguna cosa. L'Albert, el Pere i l'Aina van córrer darrere seu.

–Què passa, avi? –va preguntar l'Albert.

–És que... de poc em descuido una cosa molt important.

–Què és? –va dir el Pere.

–Us ensenyaré una cosa. Fixeu-vos-hi bé, perquè cadascun de vosaltres farà el mateix amb un colomí.

L'avi va agafar un colomí, el va posar a nivell del seu pit i el va deixar anar.

–Però què fas? –va dir l'Albert espantat.

–No passa res. Veus com ha caigut sobre les potes, mentre sostenia l'equilibri amb les ales? Això vol dir que és un bon colomí, serà fort i vigorós.

L'Albert també va agafar un colomí, el va posar una mica més amunt del nivell del seu pit, i el va deixar anar. Aquell també va fer el mateix que l'altre. Seria fort.

El Pere i l'Aina van seguir l'exemple de l'Albert i l'avi, i els colomins van caure sobre les potes sostenint el seu pes amb les ales.

–Tindràs quatre coloms fantàstics. Et felicito, Albert.

Allò començava a fer goig. Ara tenia dos coloms i quatre colomins, més els dos del senyor Mateu, que aviat els podria tornar.

El matí d'un dissabte de finals de juny, l'Albert va pujar al colomar i va obrir la porta de sortida. Abans, però, havia tancat els dos coloms del senyor Mateu. Va agafar el pal amb el drap blanc i el va començar a vinclar fent un cercle. La Roja i la Cua Blanca donaven voltes molt contentes. Se'ls van afegir els quatre colomins, que seguien les seves mares. Era un espectacle fantàstic. El cercle s'engrandia cada vegada més. A la fi, l'Albert va fer sonar el seu xiulet i la Cua Blanca va començar a tornar. Darrere d'ella els quatre colomins. Però la Roja va voler arribar fins a l'espigó. Allà es va enlairar més i més, fins que va desaparèixer darrere un núvol. L'Albert no parava de fer sonar el xiulet. De cop i volta, per un extrem del núvol va sortir la Roja que, a una velocitat sorprenent, es dirigia cap al colomar.

–S'ha tornat boja! –va cridar l'Albert, mentre feia vinclar el pal d'un cantó a l'altre.

Però la Roja va aterrar just a la plataforma d'entrada. Va mirar l'Albert amb desafiament i va entrar al colomar amb aire altiu.

L'Albert va baixar a la seva habitació i va escriure dos missatges per al senyor Mateu.

Primer missatge, enviat a les 12 hores:

GRÀCIES PER LA SEVA COL·LABORACIÓ.
ALBERT

Segon missatge, enviat a les 12 i 30 minuts:

HAN ESTAT DOS AMANTS PERFECTES.
GRÀCIES.

El primer missatge el va posar a la pota del colom que havia fet parella amb la Cua Blanca, i el va aviar. Es va enlairar cel amunt i, després de donar dues o tres voltes damunt la casa de l'Albert, va enfilar directe en direcció a la casa del senyor Mateu.

Al cap de trenta minuts va fer el mateix amb el colom aparellat amb la Roja. També es va enlairar, va donar dues o tres voltes damunt el colomar, es va allunyar fins a l'espigó i des d'allí va enfilar directe cap al colomar de l'Albert.

Quedava clar que la Roja tenia un poder especial damunt aquell colom que no volia tornar a casa del senyor Mateu. Aleshores, l'Albert va deixar anar la Roja. Els dos coloms van començar a donar voltes, es van enlairar cel amunt, van anar fins a l'espigó i van enfilar directes cap a casa del senyor Mateu.

Seria veritat allò que li havia dit l'avi?

La Roja podria ser un missatger d'anada i tornada?

Els ous belgues

Aquell estiu es presentava mogut. Els amics de l'Albert havien decidit que una vegada acabada l'escola volien fer-li costat en l'assumpte dels coloms. I la manera més apropiada que havien trobat per acompanyar-lo era fer el mateix que havia fet l'Albert l'any anterior: incubar ous de coloms. Així que van designar la Clara com a portaveu del grup i encarregada de fer tots els tràmits que calguessin per tal d'aconseguir els ous.

Un diumenge al matí que l'avi de l'Albert havia quedat amb la Clara per repassar les fitxes de niu i posar al dia la carpeta on apuntaven i guardaven tots els esdeveniments, ella ho va aprofitar per fer-li saber les inquietuds dels seus amics. I sense donar-hi voltes li va dir:

–Avi, volíem demanar-li un favor.

–Volíeu? Tu i l'Albert?

–No! L'Albert no hi té res a veure.

En aquell moment, per la porta de la cuina entrava l'Albert, que no sabia res dels projectes dels seus amics.

–Doncs qui? –va insistir l'avi.

–Bé, jo, el Joan i els nostres amics. Tot plegat som set o vuit.

L'avi no volia donar un sí sense saber de quin assumpte es tractava. I tenint en compte que la Clara sempre havia estat molt volenterosa i mai no havia escatimat hores per cuidar els coloms de l'Albert va dir:

–Si està a les meves mans, ja pots comptar-hi.

–Segur que sí, perquè es tracta de coloms.

–De coloms? –va cridar l'Albert.

–No et preocupis, que tu no hi tindràs cap feina.

–Només faltaria! Aquest any m'he apuntat a uns jocs esportius.

–Deixa'm acabar d'explicar! –va dir la Clara.

–Si encara no has començat! –va insistir l'avi.

La Clara, molt solemne, se li va acostar i li va dir:

–Recorda l'aniversari de l'Albert de l'any passat?

–I tant! Va fer deu anys!

–Va regalar-li els dos ous de colom.

–Que una mica més i acaben en truites –va afegir l'avi.

–Nosaltres també voldríem incubar ous de coloms aquest estiu. Tenim tres pares convençuts. Dos que viuen en masies i jo que visc aquí al poble.

–I quants ous voleu?

–Si l'Albert també hi vol entrar... Amb uns trenta ja faríem.

–I d'on vols que tregui trenta ous?

–Igual que els de l'Albert. Dels belgues.

A l'avi, aquella idea el temptava. L'emocionava que joves com la Clara i els amics de l'Albert continuessin d'alguna manera l'afecció de la columbofília. Una afecció que a ell li havia donat l'oportunitat de conèixer molta gent, fer bons amics i, per damunt de tot, li portava molts bons records. Així que, sense pensar-ho gaire, va dir:

–D'acord, però penso que m'hauríeu d'acompanyar.

–Tots? Podem venir tots? –va cridar la Clara, saltant de contenta.

–No pretendràs que em donin trenta ous per a mi sol, no et sembla?

L'Albert tampoc no tenia ganes de perdre's un esdeveniment com aquell, així que va dir:

–Jo també us acompanyaré. De fet, a mi tampoc no em vindran malament dos ous més. Tornaré a demanar els coloms del senyor Mateu i faré criar la Roja i la Cua Blanca una altra vegada. Així en tindré de recanvi per si es fa malbé algun dels seus.

L'avi els va explicar que, des de feia molts anys, a primers de juliol arribava a Barcelona un comboi de tren ple de cistelles amb coloms missatgers. Si feia bon temps, els deixaven anar el primer divendres de juliol, i si amenaçava tempesta o els Pirineus estaven tapats ho ajornaven fins al dia següent, divendres o dissabte. L'aviada sempre es feia en funció del temps.

De moment van posar la incubadora a casa la Clara i van decidir que no els portarien als colomars respectius fins després de l'anellament. D'aquesta manera també els seria més fàcil fer les proporcions per a les farinetes que els havien de donar tan bon punt trenquessin la closca.

El primer dijous d'aquell mes de juliol hi va haver una gran concentració a casa de l'Albert. Tots esperaven les notícies de l'avi per saber quin dia podrien anar a veure l'aviada dels belgues i a recollir els ous. Es va ajornar fins al diumenge, fet que els va anar molt bé, ja que tres pares els van poder acompanyar fins a Barcelona.

Una vegada arribats a la muntanya de Montjuïc, van anar seguint els rètols fins arribar al Sot del Migdia. Quan van baixar dels cotxes van sentir un soroll estrany. Era com si hi hagués unes avionetes escalfant motors. El pare de la Clara va preguntar:

–No hem vingut a veure coloms? Què és aquest soroll de motors?

–És el parrupeig –va contestar l'avi satisfet.

Aleshores van veure una quantitat enorme de cistelles de coloms. Estaven posades les unes damunt les altres i formaven unes fileres molt ben estructurades.

L'Albert no se separava del costat del seu avi, que anava saludant a un i altre, fent-los grans abraçades, mentre el presentava a ell com el seu hereu en columbofília.

De cop i volta tothom es va anar asseient a les grades. L'Albert, la Clara i els seus amics van seguir l'exemple de l'avi i també es van asseure.

–*Cinq minutes* –va cridar un belga que portava un xiulet penjat al coll.

Ningú no deia res, tothom estava quiet i impacient. Algun tafaner que es volia acostar massa a les cistelles era increpat per un cuidador que el feia fora indicant-li les grades.

–Voleu dir que aquests ens donaran els ous? –va dir el Joan.

–No ho dubteu. Quan hagi sortit l'últim colom ja podrem baixar. Aleshores, tots em seguiu a mi, d'acord? –va dir l'avi molt cofoi.

–*Un minute* –va cridar l'home del xiulet.

Uns quants homes es van col·locar al costat de les cistelles. L'home del xiulet mirava el rellotge amb atenció.

–Ara començarà el compte enrere –va dir l'avi.

L'home del xiulet, sense treure els ulls del rellotge, va cridar:

–*Cinq, quatre, trois, deux, un...*

Va fer sonar el xiulet ben fort mentre movia el braç amunt i avall dues o tres vegades. Els homes que estaven drets al costat de les cistelles van començar a obrir-les amb una rapidesa vertiginosa, i milers i milers de coloms van començar a enlairar-se cel amunt.

Allò no tenia res a veure amb les aviades que l'Albert feia amb els seus coloms

i els del senyor Mateu. Allò era tot un espectacle.

Els coloms s'enlairaven cada vegada més. Van començar a descriure cercles i de sobte van emprendre el vol en direcció nord.

La gent va començar a aplaudir i l'Albert i els seus amics van afegir-s'hi.

–I els ous? –va preguntar l'Aina que encara es fregava els ulls de son.

–Quan surti l'últim colom ens atansarem a les cistelles.

Un darrere l'altre es van començar a acostar a les cistelles. L'avi havia parlat amb l'home del xiulet que, content de veure tants joves que volien criar els ous d'aquells missatgers, va accedir a la demanda de l'avi sense entrebancs.

–Podeu agafar els que vulgueu –va dir l'avi.

Tots anaven d'un cantó a l'altre buscant ous enmig de la palla que hi havia al terra de les cistelles.

–Hi ha cistelles on no n'hi ha cap! –va dir el Joan.

–Per què deu ser? –va preguntar l'avi en veu alta.

L'Albert, conscient de l'avantatge que portava a tota aquella colla de neòfits en el tema, va contestar molt decidit:

–A les cistelles on no hi ha ous és que hi havia mascles.

–*C'est un enfant très intelligent* –va exclamar l'home del xiulet.

–Què ha dit? –va preguntar l'Albert.

–Que ets molt espavilat –va dir l'avi.

Quan van arribar a casa de la Clara, ja tenien la incubadora preparada. Damunt de cada closca van posar dues lletres, que corresponien al nom i cognom de cada nen. Cada un tenia dos ous, menys la Clara i el Joan que en tenien quatre. A l'Albert també li'n van tocar quatre per si la Roja i la Cua Blanca perdien alguns dels seus ous. La Clara, molt previsora, va dir que els que sobraven els marcarien amb una C de «comunitaris». Els farien servir per compensar els nens a qui se'ls fessin malbé alguns dels seus.

Si aquells ous seguien la mateixa tònica que havien seguit l'any passat els de l'Albert, l'estiu següent ja podien començar a posar en pràctica la xarxa de comunicacions.

UN JULIOL PLE D'EMOCIONS

Aquell juliol l'Albert s'havia apuntat als jocs esportius que cada any feien en un poble del costat. Havia triat dues modalitats: atletisme i vela.

Mentre tots els seus amics estaven més que entretinguts fent torns per vigilar la incubadora dels ous belgues, ell i la Berta s'entrenaven i gaudien d'allò més, fent carreres amb les barquetes de vela *optimist* mentre anaven d'una boia a l'altra.

La Berta estava una mica dolguda, perquè el Roger no li feia tant de cas com l'any passat, i creia que una manera de recuperar-lo era apuntar-se a tot el que fes l'Albert aquell estiu. Però aquell any el Roger no es deixava veure gaire, i si algú s'atrevia a preguntar-li'n el motiu, sempre sortia amb la mateixa resposta:

–Estic incubant un gran secret.

Així que, ben aviat, tots es van oblidar del Roger, i a l'Albert fins i tot li semblava que la Berta havia fet un canvi favorable i ja no la trobava tan pretensiosa.

El pare de l'Albert havia fet una innovació molt bona al colomar. Mogut per les queixes del Pere i l'Aina, que sempre deien que esperar l'arribada dels coloms quan l'Albert anava a fer aviades els resultava una mica pesat, va construir un invent.

A la plataforma d'entrada del colomar hi va posar una mena d'interruptor, i el va connectar a un fil elèctric que baixava fins a la cuina on va instal·lar un timbre i una bombeta vermella. Quan arribava un colom i es posava a la plataforma d'entrada, amb el seu pes feia anar l'interruptor, i aquest encenia la bombeta vermella i feia sonar el timbre que ressonava per tota la casa. D'aquesta manera, mentre el Pere menjava la xocolata amb xurros del diumenge, només havia de pujar al colomar quan s'encenia la bombeta i sonava el timbre. Aleshores, anotava a la llibreta l'hora de tornada del colom o li treia el missatge que duia a la pota.

La Roja i la Cua Blanca, amb els seus antics pretendents, van tornar a incubar quatre ous, i l'Albert va tenir sort de la reserva que li guardava la Clara a la incubadora, ja que els ous de la Roja es van malmetre pocs dies després de la posta. La cosa va anar així:

Una tarda, quan l'Albert tornava dels entrenaments, l'avi l'esperava una mica preocupat.

–Que et passa alguna cosa? –li va preguntar l'Albert.

–No ho sé. He pujat al colomar i em sembla que la Roja vol deixar d'incubar.

–Què li passa?

–Jo diria que els seus ous no arribaran a bon fi. Aquests darrers dies ha fet volades massa llargues quan ha sortit del colomar i el seu mascle s'ha cansat d'incubar tot sol els ous.

–Ja la coneixem prou bé, avi. Ens vol fer patir.

–No, no és això. He comprovat els ous i em sembla que s'han mort els embrions.

–I com ho saps? –va preguntar l'Albert.

–Els he mogut amb suavitat d'un cantó a l'altre i no noto res de res. Això vol dir que l'embrió s'ha enganxat a la closca i ja no té remei.

–No et preocupis, avi. Li posarem dos ous dels que té la Clara a la incubadora. Ja veuràs com tornarà a incubar.

Així ho van fer. La Clara els va donar dos dels quatre ous que tenia assignats l'Albert, i la Roja i el seu mascle van tornar a incubar com sempre, fent torns en igualtat de condicions.

S'acostava la fi de juliol i l'Albert havia quedat finalista per fer la regata amb les barquetes *optimist*. Aniria de parella amb la Berta i estaven convençuts que s'emportarien alguna medalla.

El dia abans de la regata final, mentre sopaven, l'Albert va comentar:

–Demà m'emportaré la Cua Blanca a la regata.

–No pots! Fa pocs dies que han nascut els colomins, i encara els dóna el menjar –va dir el Pere.

–Només serà el matí!

–Emporta't un colomí de la primavera. Ja els tens una mica entrenats –va dir el seu pare.

–És que encara no me'n fio massa.

–Però... per què vols emportar-te un colom a la regata? Que et sembla que ets el Noè, amb la teva barca? –va insistir el Pere.

–Vull fer com els grecs en els seus jocs olímpics, jo –va puntualitzar l'Albert amb posat de vencedor.

Ningú no entenia res. Què hi tenia a veure la regata dels *optimist* amb els coloms de l'Albert? I els grecs? Si ja fa anys i panys que fan malves, aquests. L'Albert va continuar:

–Els grecs feien servir els coloms per anunciar les seves victòries quan triomfaven als jocs olímpics. Els posaven cintes de colors a les potes i els aviaven.

–Tu i la Berta guanyareu la regata? Com en pots estar tan segur? –va increpar-lo el Pere.

–Hem entrenat molt, i sempre arribem els primers. A més, el Roger ha dit a la Berta que, si guanyem, ens dirà el seu secret.

–No us el dirà! No us el dirà! –va fer l'Aina burleta.

–Ja sé què penses, Aina! Que no ens el dirà, perquè està segur que perdrem. Però la Berta s'ha entrenat més que jo, i per arrencar-li el secret al Roger és capaç de tot.

–Però què vols fer amb els coloms? –va insistir el seu pare, que encara no acabava d'entendre les intencions de l'Albert.

–M'emportaré la Cua Blanca i un colomí de la primavera. Si guanyem, els posaré una cinta a la pota tal com feien els grecs. Segons el color, ja sabreu quin lloc hem fet a la regata.

–I com sabrem a quin lloc correspon? –va dir el Pere que no ho acabava de veure clar.

–Abans de marxar us ho deixaré apuntat en una llibreta. Quan s'encengui la bombeta de la cuina i soni el timbre només haureu de pujar al colomar i mirar de quin color és la cinta que porta lligada a la pota. Mireu a la llibreta i ja sabreu si hem guanyat.

–I el secret del Roger? –va preguntar l'Aina.

–D'això ja se'n cuidarà la Berta.

La regata dels *optimist* va ser molt discutida. Dues o tres vegades, quan viraven la boia, la Berta, amb el seu afany per guanyar distància, va estar a punt de fer bolcar la barca, però els seus reflexos eren molt ràpids i ho va resoldre a temps.

Van guanyar per ben poc, perquè mentre la seva proa creuava la línia de meta, l'*optimist* que duien a popa feia una bona estona, va donar un cop de timó i va creuar la línia a pocs metres d'ells.

L'Albert i la Berta van pujar plegats al podi per rebre la copa del triomf i la corresponent medalla d'or i, sense perdre ni un moment, mentre l'Albert treia els dos coloms de la cistella petita que portava dins una motxilla amb ventilació, la Berta agafava

el seu mòbil per telefonar a casa seva i donar-los la notícia.

A la Cua Blanca li va posar una cinta groga i la va aviar. L'Albert sabia que tenia pressa per tornar al colomar i veure els seus colomins.

Al colomí jove li va posar el portamissatges a la pota i un escrit que deia així:

LA CUA BLANCA US NOTIFICA LA MEDALLA QUE HEM GUANYAT.
AMB AQUEST COLOMÍ US VULL FER SABER QUE TAMBÉ TENIM LA COPA DE LA VICTÒRIA.
ALBERT

El colom es va enlairar cel amunt, va donar dues o tres voltes damunt totes les barques i els seus patrons, que encara estaven arriant les veles, i va agafar la direcció del poble de l'Albert.

La Berta encara estava amb el seu mòbil intentant enviar un missatge de text als seus pares.

–Què passa, Berta? Que no els trobes?

–Estan comunicant tota l'estona, i no em vol agafar els missatges de text.

–Prova-ho des d'una cabina.

–Ho provaré amb el del Roger.

–Sí, i que et digui el secret.

Però al Roger se li havia acabat la targeta del mes que els seus pares li tenien assignada i tenia el seu mòbil fora de servei. No els quedava altre remei que esperar arribar a casa i fer-li una visita.

–Tampoc no et preocupis, Berta –li va dir l'Albert.

–Si no em preocupo! Però m'agradaria passar-li pels nassos la nostra victòria.

–Segur que d'aquí mitja hora el Pere li anirà a dir.

–El Pere? I com ho sap el Pere que hem guanyat?

–Perquè he deixat anar la Cua Blanca i un colomí amb un missatge.

–Ets fantàstic, Albert! Ets fantàstic! –li va dir la Berta mentre se li tirava al coll i li feia dos petons.

–Però em diràs el secret del Roger així que el sàpigues, eh?

–Seràs el primer.

–La veritat és que em té molt intrigat. Què deu voler dir un secret que s'està incubant. No serà que també té coloms?

–El Roger, coloms? –va dir la Berta–. És massa busca-raons per tenir coloms. Però estic segura que en porta alguna de cap, i no deu ser massa bo que ho amagui amb tant de recel.

–No cal que ens hi capfiquem –va dir l'Albert mentre es penjava la motxilla a l'esquena i agafava la copa amb aires de vencedor.

UNA AMENAÇA, UN ENSURT I UNA MICA D'ESPERANÇA

Havien passat tres dies de la victòria a la regata, i la Berta encara no havia donat senyals de vida. Alguna cosa estava passant. A l'Albert no li cabia al cap que, després de les demostracions d'afecte que li havia fet el dia de la regata, ara tot s'esvaís com per art d'encantament.

–Només et volia per fer-li dentetes al Roger –va dir el Pere mentre donava una queixalada a una galeta de xocolata.

–Impossible! Alguna cosa li passa. Ni tan sols ha vingut a buscar la copa per ensenyar-la als seus pares –va replicar l'Albert, una mica ofès pel comentari del Pere.

–Ahir al vespre crec que va telefonar –va dir l'Aina, com aquell qui no diu res.

–Què vols dir, crec? Va telefonar o no?

–Hi va parlar el pare. Sembla que passarà a veure't aquest matí.

L'Albert es va començar a posar nerviós. Per què no va deixar cap encàrrec la Berta? Què era tan important que la fes anar personalment a casa seva? Hauria aconseguit el secret del Roger? O és que li volia fer dos petons més?

Els dubtes es van esvair ben aviat quan la Berta va entrar per la porta del jardí.

L'Albert va anar a rebre-la i, darrere d'ell, l'Aina i el Pere, que no es volien perdre ni un detall de tot aquell misteri.

–És una amenaça, Albert. És una amenaça! –va dir la Berta només veure'l, mentre se li tirava al coll per fer-li dos petons.

L'Albert, desconcertat per les paraules de la Berta i també per aquella abraçada, va fer dos petons a la Berta i tot seguit va dir:

–Què és una amenaça?

–El secret del Roger –va exclamar la Berta mentre es dirigia a corre-cuita cap a les escales que duien al colomar.

–On vas, Berta?

–Al colomar. Has de protegir-lo.

–Calma't, noia, té, una galeta de xocolata –li va dir el Pere que estava tan intrigat com l'Albert.

–Però... quin era el secret del Roger –va insistir l'Albert, que ja es posava nerviós.

–Saps que deia que estava incubant el seu secret?

–Sí, i què?

–Estava incubant un ou de falcó.

–I a mi què? Com si vol incubar ous de dinosaures.

–Però que no ho entens, Albert? Té raó la Berta. És una amenaça de veritat. Els falcons cacen els coloms –va exclamar el Pere.

–No us poseu nerviosos –va dir l'Aina, en veure'ls tan atabalats.

–És veritat –va dir el Pere mentre donava una altra galeta a cadascun–. Ara sabem que el Roger té un falcó, i també és veritat que pot ser una amenaça per als coloms de l'Albert i per als de tota la colla. Però...

–Però... què? –va interrogar l'Albert.

–Quan li ha nascut, el falcó? –va preguntar el Pere com si fos un home entès en falconeria.

–Deu fer una setmana –va contestar la Berta.

–Doncs no heu de patir fins a finals d'agost –va dir satisfet el Pere, convençut de donar una resposta encertada.

–I tu què saps? –va dir l'Aina, que no s'acabava de creure que el Pere fos entès en cap altra cosa que no fos el menjar.

–El treball que he de fer aquest estiu per recuperar la nota de socials és precisament sobre la vida i els costums del falcó. Tinc tota la informació que vulgueu dins l'ordinador. He consultat pàgines a internet i m'han enviat una bona quantitat de material.

Els quatre alhora van anar directes a l'ordinador per tal de poder aclarir quan començaria de veritat l'amenaça del falcó del Roger. Perquè, si d'una cosa estaven convençuts tots plegats, era que aquell falcó tard o d'hora sortiria a passejar.

Després de rumiar-hi molt, van fer un pla:

La Berta els avisaria sempre que sabés que el Roger entrenava el falcó. I davant qualsevol dubte, quedava prohibit deixar volar els coloms fins que el Roger no hagués marxat del poble.

També ho van comunicar a la Clara, el Joan i tota la colla que estaven atrafegats donant les farinetes als colomins que havien nascut.

Resolta temporalment l'amenaça que pesava damunt els coloms, tots plegats van passar un estiu molt entretingut.

Un dia de finals d'agost, el Cisco pescador va passar per casa de l'Albert i li va dir:

ZONA

–M'ha dit el teu pare que vas guanyar una copa navegant. Què et sembla si una nit d'aquestes m'acompanyes a pescar?

–M'agradaria molt, però crec que també hauria de venir la Berta. La regata la vam guanyar plegats.

–D'acord. Pot venir la Berta i també pots portar un altre amic. O... el Pere.

–No! A la nit? Ni pensar-ho –va dir el Pere, que havia estat present a la conversa.

–A ell li agrada dormir –va dir l'Aina–. I a mi encara no em deixen sortir de nit.

El dia de l'expedició era una nit de lluna plena. La mar estava calmada, tant, que la barca del Cisco semblava que s'hi emmirallava.

La Berta va arribar puntual, amb el seu mòbil enganxat al cinturó.

–Vindràs a pescar amb el mòbil? –li va dir el Joan, que havia agafat el lloc del Pere.

–Telefonaré als meus pares cada vegada que pesqui un peix. A més, tu també portes una bona caixa.

–És una petita farmaciola que m'ha preparat la mare. Diu que s'ha d'anar previngut.

El Cisco se'ls mirava i somreia. I veient que l'Albert portava una cistella amb quatre coloms va dir:

–Anem a pescar peixos, eh, Albert?

–Jo vull fer com els submarins de guerra. Enviaven missatges a terra amb els coloms missatgers.

–D'acord, d'acord! Però no us heu de preocupar. Tinc ràdio dins la barca, i també una farmaciola per si algú es fa mal. Sempre he tornat sa i estalvi, jo.

Van endinsar-se dins la mar cap a les onze de la nit. Amb els binocles, veien els pares de tots tres que els feien adéu amb uns mocadors blancs. El Cisco els responia fent senyals de llum amb una llanterna.

Cap a les dotze, quan ja eren unes quantes milles endins, el Cisco va aturar la barca i els va ensenyar a tirar les xarxes. Després, de dins la cabina, va treure tota mena de viandes i pa, i els va dir:

–Mentre les xarxes van fent la feina, nosaltres farem un petit ressopó. Descansarem una mica i cap a les quatre us cridaré per començar a recollir el peix.

Entre queixalada de fuet i mossegada de pa i formatge, el Cisco els anava explicant aventures que havia passat durant els anys i anys que feia que navegava. Després, es van posar a dormir dins els sacs que portaven, mentre el Cisco els cantava una cançó i la barca els gronxava com si fos un bressol.

L'Albert no podria assegurar quanta estona feia que dormien quan el va despertar un cop fort a la cama.

–Què ha estat, això? –va cridar, mentre veia el Cisco que recollia les xarxes.

–Hem pescat una balena? –va dir el Joan, que s'acabava de despertar, mentre es treia la Berta del damunt.

–Ho sento, Joan. Jo no ho volia. No sé com he anat a parar damunt teu –va dir la Berta mentre s'aixecava i tornava a caure damunt el Joan.

–Està començant una tempesta. Recullo les xarxes i tornem cap a casa –va dir el Cisco una mica preocupat.

–Vol que l'ajudem? –va dir l'Albert, pensant que la seva experiència amb l'*optimist* li donava dret a considerar-se mariner.

–No, gràcies, val més que us apuntaleu ben fort en algun lloc, i no us aixequeu per res del món. Poseu-vos això –els va dir el Cisco mentre els allargava tres salvavides.

–Vol que truqui a casa perquè enviïn algú a buscar-nos? –va dir la Berta una mica espantada.

–Si ho pots fer, no aniria gens malament. Digue'ls que avisin la guàrdia costanera. Ens anirà bé un cop de mà per entrar a port.

La Berta va buscar enmig de la foscor el seu mòbil que, amb tot el moviment, li havia caigut del cinturó. A la fi el va trobar, i mentre teclejava el número, una onada gegant li va passar pel damunt i li va deixar el mòbil del tot inutilitzat.

–Ara sí que l'hem feta bona! –va exclamar.

–Què passa? –van preguntar l'Albert i el Joan alhora.

–S'ha mullat i ja no puc trucar.

–Tranquils, nois. Ara engego motors i comencem a tornar. Enviaré un missatge per ràdio perquè estiguin al cas.

El Cisco va acabar de recollir cuita-corrents les xarxes amb els peixos a dins sense cap mena d'ordre. El més important era posar en marxa la barca, començar a tornar i donar l'avís per ràdio a la guàrdia costanera.

Els tres amics estaven ben espantats, i el Cisco provava una vegada i una altra d'engegar la ràdio.

–Per Neptú que t'has d'engegar! –cridava.

–Què passa? –va preguntar l'Albert.

–Amb l'aigua que ha entrat s'ha espatllat la ràdio. No ens queda altre remei que

intentar tornar molt a poc a poc i esperar que hagi passat la tempesta per entrar a port.

–Albert! Els coloms! –va cridar el Joan.

–Els coloms? –va preguntar el Cisco.

–És clar! Els podem posar un missatge –va dir l'Albert.

Amb penes i treballs, l'Albert va anar escrivint els missatges.

–Hi hauria de dir on ens trobem. Per donar-los una indicació d'on ens han de venir a buscar –va dir l'Albert.

–Sis milles a l'est de l'espigó –va contestar el Cisco.

L'Albert va posar un missatge a cada colom indicant la situació de la barca i l'hora exacta que els deixava anar. Cada cinc minuts n'aviava un. Així que es va enlairar l'últim va dir:

–Mai no els havia aviat amb aquestes condicions. De nit, i menys amb tempesta. Espero que algun dels quatre arribi a casa. Però si en aquell moment no hi ha ningú a la cuina o no senten el timbre, estem ben arreglats.

Com podia ser que no hi hagués ningú a la cuina amb un temporal com aquell? La mare del Joan i els pares de la Berta, des del mateix moment que havien començat els llamps i trons, estaven impacients esperant a la cuina de casa l'Albert. Quina no va ser la seva sorpresa quan de cop i volta va sonar el timbre, alhora que s'encenia la bombeta.

–És l'Albert! –va cridar el Pere escapant-se escales amunt cap al colomar.

Ningú no entenia res. La bombeta es va encendre tres vegades, al mateix temps que anava sonant el timbre, i el Pere va baixar del colomar amb els missatges.

Van avisar la guàrdia costanera que, seguint les instruccions dels missatges de l'Albert, van trobar la barca del Cisco quan amb penes i treballs s'estava apropant a la costa.

Li van tirar una corda i els van remolcar fins al port.

Allà, tot van ser petons i abraçades i el Cisco pescador va comentar:

–Aquesta colla són uns valents de veritat –i picant l'ullet a l'Albert, va afegir–: són gent de recursos.

L'Albert estava satisfet. Una vegada més els seus coloms missatgers els havien fet un gran servei. En veure el Pere, li va preguntar:

–Quants coloms han arribat?

–Tres. Amb pocs minuts de diferència cada un –va contestar el Pere. I va afegir–: Quants n'has aviat?

–Quatre. He deixat anar els quatre que portava. Però ja està bé. Era molt difícil que arribessin amb aquesta tempesta. Si només n'he perdut un, em dono per satisfet.

De cop i volta li va venir un dubte al pensament.

–Ha arribat la Cua Blanca?

–La primera, Albert. Estigues tranquil, el que no ha arribat ha estat un colomí.

L'endemà a la tarda es van trobar amb tota la colla que havia començat a criar coloms. Havien de tenir un canvi d'impressions i la Clara els volia explicar el seu projecte de fer una xarxa de comunicacions per a l'estiu vinent.

Després d'estar una bona estona comentant la seva aventura marinera, es van posar a la feina.

La Clara havia fet un plànol on estaven ubicats els quatre colomars que tenien. Cinc, si hi podien afegir el del senyor Mateu.

Els va explicar que, a la primavera següent, ja podrien començar a establir una xarxa de comunicació.

–No ho acabo d'entendre –va dir el Joan–. Si tots els coloms tornen al seu colomar, com vols que els de l'Albert vinguin a casa teva, Clara?

–Seran els meus els que vindran a casa –va dir la Clara.

–Ara encara ho entenc menys –va replicar el Joan.

La Clara, que havia llegit unes quantes vegades el llibre que els havia deixat el senyor Mateu, es va explicar amb molta claredat.

–Mireu: un dia a la setmana ens trobarem tots, i cadascun de nosaltres portarà una cistella amb vuit coloms, d'acord?

–Sí, d'acord! I què més? –va preguntar l'Albert.

–Cadascun de nosaltres donarà dos coloms dels seus als altres. Així, per exemple: L'Albert tindrà dos coloms meus, dos del senyor Mateu, dos de la masia del Ramon i dos de la masia de la Sara. Em seguiu?

–Fins aquí, sí –va dir el Joan.

–Si l'Albert em vol dir una cosa a mi, aviarà un colom meu. Si ho vol dir al senyor Mateu, n'aviarà un del senyor Mateu. Més endavant ja us ensenyaré a fer coses més complicades, però de moment començarem amb això. D'acord?

FOR
OFERTA

Efectivament, aquella xarxa de comunicacions pintava molt bé. Només calia continuar amb l'entrenament dels coloms i esperar la primavera.

L'Albert, amb els seus coloms, portava un any d'avantatge als seus amics i això li permetria començar a concursar la primavera vinent amb la Cua Blanca i la Roja a les aviades que feien la Federació Columbòfila Catalana.

Amb les bones marques que els dos coloms feien en els entrenaments, l'Albert estava convençut que faria un bon paper i, amb una mica de sort, qui sap si s'emportaria algun premi. Això li permetria comprar-se un mòbil. Un desig que, en el fons, encara no li havia marxat del cap.

ÍNDEX

Han escrit i han dibuixat...

Anna Vila

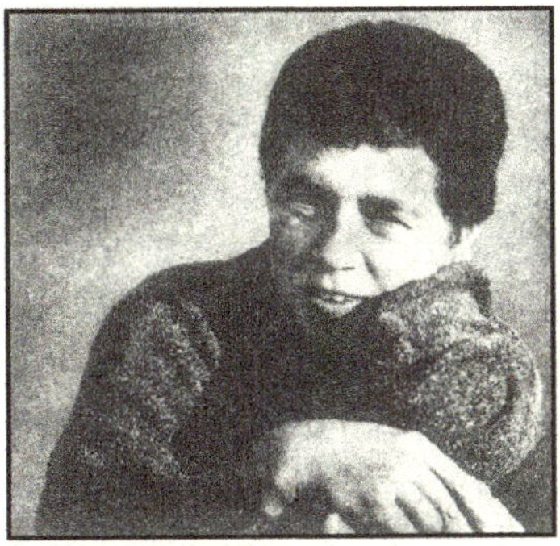

Vaig néixer l'any 1949 a Igualada, on vaig viure fins al 1979 que em vaig traslladar a Barcelona. Treballo d'infermera en un ambulatori. Les estones lliures, les dedico als meus projectes d'escriptura.

El meu primer llibre va ser *Els fills diferents*, on vaig intentar posar en ordre 14 anys de convivència amb la meva filla Sandra, afectada de paràlisi cerebral.

He publicat ja uns quants llibres infantils: *Més o menys ben avinguts*, *El núvol lila*, *Qui fa ballar la geganta*, *Un pacte és un pacte*, *Aventures d'anar i tornar*... L'any 1993 vaig guanyar el Premi Pere Quart d'Humor i Sàtira amb *Vacances al Zurich*, una novel·la per a adults. El 2002 vaig obtenir el Premi Apel·les Mestres, conjuntament amb Maria Teresa Cáceres, una il·lustradora amb qui ja havia treballat en el llibre *Més o menys ben avinguts*.

L'Albert i els coloms missatgers és un llibre molt especial per a mi. El record dels coloms que el meu avi Eusebi tenia al terrat i feia volar amb passió de bon columbòfil em va donar la primera idea per a la novel·la. Després van venir les visites a la biblioteca de l'escola d'avicultura d'Arenys de Mar. Més endavant, vaig contactar amb la Federació catalana de coloms missatgers i vaig visitar columbòfils que em van orientar en la recerca, alhora que m'obrien les portes dels seus colomars. Durant dos anys he assistit a l'aviada de coloms belgues que, si el temps ho permet, es fa cada any el primer divendres de juliol al Sot del Migdia. Els llibres que he llegit, les converses amb persones que estimen els coloms missatgers i una bona dosi d'imaginació són els ingredients que m'han servit per escriure aquest llibre.

El que més em reconforta del procés que segueixen els meus llibres és el contacte amb els lectors quan visito les escoles. Allà puc comprovar de prop l'efecte que tenen els meus llibres en els infants. Amb *L'Albert i els coloms missatgers* espero que us ho passeu tan bé com jo m'ho he passat en l'etapa de recerca i redacció.

Jordi
Vila Delclòs

Vaig estudiar música i percussió, i vaig tocar el vibràfon en diversos grups de jazz. També vaig estudiar il·lustració a l'escola d'Arts i Oficis (Llotja), i faig d'il·lustrador des de l'any 1988. Treballo per a dissenyadors gràfics i arquitectes, també per a productores d'espectacles i agències de publicitat. He il·lustrat contes, novel·les i llibres de text per a editorials i revistes diverses.

M'agrada molt treballar a l'estudi. Des que era petit, sempre m'han fascinat els estudis i els tallers.

El meu avi era pintor i tenia un estudi molt tranquil i acollidor. M'ho passava molt bé allí, tant si li feia de model com si hi anava a veure'l pintar.

L'estudi del meu pare, també pintor, era més alegre, amb molta llum i tot ple de fustes i teles penjades a les parets. Hi havia calaixeres i planeres amb papers, pots i tubs de pintura, pinzells, aquarel·les...

Al sostre de l'estudi del meu pare, tot blanc, hi penjava una gavina de fusta que quan la tocaves es movia com si volés a poc a poc. El meu pare es passava el dia aixecant-me perquè pogués arribar a tocar-la.

Tots dos estudis feien molt bona olor; feien olor de pintura a l'oli i d'aiguarràs o trementina. I en tots dos hi sonava música per a treballar: música clàssica al taller del meu avi, i jazz i música clàssica al del meu pare.

El meu estudi és més petit que el seu; no necessito cavallets ni apilar teles o quadres, però sí que hi ha molts pinzells, retoladors, llapis, aquarel·les (m'encanten les capses de colors i d'aquarel·les), potets de pigment i de pintura, tremps, plomes estilogràfiques, pots de tinta xinesa, un ordinador, molts llibres i draps blancs de cotó per eixugar els pinzells. També treballo amb música, com ells, i el que més m'agrada fer és dibuixar pirates i escoltar música, sobretot jazz.